继电保护典型事故案例分析

胡波　主编　　JIDIAN BAOHU DIANXING SHIGU ANLI FENXI

中国电力出版社
CHINA ELECTRIC POWER PRESS

内 容 提 要

本书收集了继电保护中的定值问题、装置问题、二次回路问题、运行和维护的问题、设计问题等各种常见类型的事故案例，并对事故的原因加以分析，提出防范措施。可供从事生产工作的继电保护从业人员学习和借鉴，接受事故教训，不断提高自我防护和防范意识，结合自身工作特点，举一反三，使防范措施真正落到实处，夯实生产安全基础，促进企业建立安全生产长效管理机制，确保发电企业安全稳定、经济运行。

图书在版编目（CIP）数据

继电保护典型事故案例分析 / 胡波主编 . —北京：中国电力出版社，2021.3（2024.9 重印）
ISBN 978-7-5198-5390-7

Ⅰ．①继… Ⅱ．①胡… Ⅲ．①电力系统—继电保护—事故—案例 Ⅳ．① TM77

中国版本图书馆 CIP 数据核字（2021）第 032071 号

出版发行：中国电力出版社
地　　址：北京市东城区北京站西街 19 号（邮政编码 100005）
网　　址：http://www.cepp.sgcc.com.cn
责任编辑：谭学奇（010-63412218）
责任校对：王小鹏
装帧设计：张俊霞
责任印制：吴　迪

印　　刷：北京九州迅驰传媒文化有限公司
版　　次：2021 年 3 月第一版
印　　次：2024 年 9 月北京第三次印刷
开　　本：710 毫米 ×1000 毫米　16 开本
印　　张：13.5
字　　数：236 千字
印　　数：2501—2850 册
定　　价：58.00 元

本 书 编 委 会

主　　任　常　浩

副 主 任　张才稳

编　　委　张锦文　石　岩　刘林波　刘惠娟

主　　编　胡　波

副 主 编　马党国　张延鹏　刘世富

编写人员　李亚雄　黄　奎　苏　力　付忠强　鲁　鹏　尧　阳
　　　　　　张春晖　余　凯　毛本立　吴必强　周　春　张　平
　　　　　　贺　军　吴院生　胡祥甫　陈　峰　隆朝花　王甲安
　　　　　　刘其常　袁湘华　杜　伟　纪　立　胡贤矿

组织单位　华电电力科学研究院有限公司

前 言

  继电保护和安全自动装置是保证电力设备安全，防止大面积停电的最有效手段。 随着继电保护新技术、新原理、新装置不断的出现，对电力系统继电保护技术和管理提出了更高的要求。 继电保护和安全自动装置正确动作关系到电力系统的安全稳定运行，消灭和减少继电保护的不正确动作是一项长期而艰巨的任务，除了认真执行规程和反措外，学习已有事故的处理方法和分析思路是非常有效的途径。 "前事不忘，后事之师"，本书旨在通过典型继电保护事故案例的学习，认清各种事故的根源，消除松懈麻痹思想，强化忧患意识和风险意识，增强做好安全工作的积极性、主动性。

  本书对于很多实际案例不但给出结论，还对案例中的责任进行了分析，进一步明确各自的安全责任，使得安全事故"可控、在控"，建立和完善各类规章制度，加大反违章和安全监督监察力度，推行安全工作标准化，深化安全事故闭环管理，检查事故管理和整改措施的落实情况，避免事故处理失之于宽、失之于松的问题，使安全生产基础不断得到巩固和加强，保证发电设备的安全稳定运行。

编者

继电保护典型事故
案例分析

目 录

第一章 定 值 问 题

对电力系统中重要的电力设备（如发电机、变压器等）的保护是继电保护的一个必要构成，继电保护装置定值整定要充分结合实际情况，保障现场设备的定值准确无误，因为电流保护方式的不同效果，在实际的运用中通常会采用多种电流保护方式相结合的方式，较好地保护本级设备和下一级设备，而这个配合工作的过程中电流保护方式、电压保护方式与时间的不同关系，要求多种继电保护定值之间相互配合。各种设备对于保护的不同要求使得继电保护定值也相应有很多差异，而在现场的定值管理和整定中应时刻关注这个因素。整定计算人员应提高业务素质，加强对新装置的学习，积极参与保护装置的配置、选型和改进工作。同时，定值单管理工作应细致认真，管理好定值单、定值底稿、资料方案对继电保护定值计算和运行维护工作十分重要，保存的定值及其资料必须与现场实际相符，才能保证定值计算正确和执行无误。本章从整定计算的错误分析和现场设备的整定错误两方面对定值问题进行了描述。

第一节 整定计算错误的问题

作为继电保护关键环节，继电保护的整定计算方法起着关键作用，进一步加强对其的研究非常有必要，但是就目前的情况来看，继电保护整定计算中还存在很多问题，因此需要采取有效的措施进行优化和治理，进而保证电力系统的安全运行。

案例 1-1：青海某电厂 1 号机组发电机变压器组差动保护动作停机事件

2019 年 5 月 23 日，青海某电厂 1 号机组在小修后的恢复启动中因发电机变压器组差动保护动作发生停机事件，相关情况如下：

（一）事件经过

2019 年 5 月 23 日 22：42，依照调度并网指令，1 号机组发电机变压器组 3301 断路器经同期装置合闸，1 号机组并网成功。

23：41，1 号机组主汽温度 519℃，再热器温度 506℃，电泵运行，B 汽泵运行，A、B 磨煤机运行，机组负荷升至 100MW，准备将 6kV 厂用电源由备用电源切换至工作电源。

23：42，1 号机组厂用 6kV IA 段电源切换成功；25s 后 6kV IB 段电源切换至工作电源时，1 号机组发电机解列灭磁，ETS 跳闸停机，锅炉 MFT，跳闸首出"发电机变压器组差动保护动作"。

1 号机组全停后锅炉吹扫 5min，重新点火并投入 A1、A3、A4 油枪稳定参数，5 月 24 日 3：45，1 号机组发电机变压器组 3301 断路器重新经同期装置合闸，机组再次并网恢复。

（二）原因分析

1. 保护动作原因

检查发电机变压器组保护装置动作报告及故障录波报告检查情况发现：

（1）5 月 23 日 23：41：52，1 号机组发电机变压器组保护 B 屏发"发电机变压器组差流越限动作"报警信息，此时 1 号高压厂用变压器 A 分支切换成功，高压厂用变压器 B 分支三相电流为零。根据动作报告分析，在高压厂用变压器 A 分支切换厂用电完成、B 分支还未切换厂用电的时候，发电机变压器组差动保护中已产生较大差流，但由于发电机变压器组负荷较小，此差流尚未达到发电机变压器组比率制动差动保护定值，所以发电机变压器组保护装置仅出口发信报警，这一异常情况未引起电厂人员注意。

（2）23：42：16，发电机变压器组比率制动差动保护动作。根据动作报告可知，6kV IA 段厂用电源切换成功后间隔 25s，在进行 6kV IB 段厂用电源切换操作的瞬间，发电机变压器组比率制动差动保护动作并造成了机组全停。发电机变压器组保护动作出口为"全停"，通过对报文中差动电流、制动电流并结合定值单、厂家说明书进行理论计算，认为保护装置动作无误。

（3）查阅1号发电机变压器组保护装置B柜故障录波装置发现，1号高压厂用变压器B分支切换后，发电机变压器组比率制动式差动保护发生变位，这与6kV 1B段厂用电源实际切换时1号机组发电机变压器组比率差动保护动作相吻合。

（4）调取DCS历史曲线发现，1号机组停机首出为"发电机变压器组差动保护动作"，保护出口关主汽门，导致汽轮机ETS动作跳闸、锅炉MFT，整个机组机、炉、电停机联锁逻辑正常，且DCS动作与发电机变压器组保护装置动作出口相符合。

2. 发生原因

2019年4月28日～5月15日，1号机组检修期间按照2018年计算的新定值对保护装置的定值进行了重新整定。

通过查阅2018年保护定值计算书及定值单发现，在发电机变压器组差动保护定值单中，差动第2侧平衡系数原定值为0.13，现定值为0.52，差动第3侧平衡系数原定值为0.15，现定值为0.13，差动第2侧平衡系数定值变化较大。通过现场核对发电机变压器组保护装置二次接线以及保护装置电流采样检查可以确认，发电机变压器组差动第1侧为主变压器高压侧，第2侧为高压厂用变压器低压侧，第3侧为发电机中性点。根据发电机变压器组保护厂家说明书计算，差动第1侧平衡系数为3.77，差动第2侧平衡系数为0.15，差动第3侧平衡系数为0.52。

保护定值计算人员误认为第2侧是发电机中性点，第3侧为高压厂用变压器低压侧，导致计算结果错误，如主变高压侧二次额定电流是0.477A；发电机中性点是3.464A；如果直接做差，肯定有差流；但是两侧各乘以平衡系数两侧电流就相等了，$0.477 \times 3.77 = 3.464 \times 0.52$。就新定值而言，$0.477 \times 3.77 = 3.464 \times 0.13$，这个等式是不成立的，将会产生差流，当差流达到保护动作值是，发电机变压器组差动保护动作。

将第2侧平衡系数修改为0.13，第3侧平衡定值修改0.52，机组并网，快切厂用正常，查看保护装置电气量采样，无差流。

（三）暴露问题

（1）保护定值计算人员工作不严谨。在进行定值计算时，未对发电机变压器组保护装置中的第1、2、3侧与现场实际的发变组保护接线中的主变压器高压侧、发电机中性点侧和高压厂用变压器低压侧对应关系进行核实，根据自己以往的经验对定值进行核算，导致第2、3侧差动平衡系数计算错误；保护定值整定计算过程中，当发现发电机变压器组差动保护第2、3侧平衡系数计算结果与原定值存在差异，尤其是第2侧平衡系数差异较大，定值计算人员没有引起足够的重视，未与电厂专业技术人员进行沟通。最终导致厂用电切换时产生差流，发电机变压器组比率差动保护动作，机组停机。

（2）继电保护定值审核流程把关不严，未起到发现故障隐患的作用。2018年继电保护定值计算书和定值通知单虽经逐级审核后下发，但各级审核人均未发现定值发生的重大变化并对此提出异议，定值审核流于形式。

（3）电气专业技术人员业务技能欠缺。对保护定值计算单位提供的定值单中与原定值存在较大差异的部分没有引起足够重视，未提出质疑并与保护定值计算人员进行沟通；另外，在1号机组发电机变压器组保护定值按新定值重新整定后在机组并网带负荷阶段，未重视或安排校核工作，特别是在厂用6kV 1A段切换后，未及时查看发电机变压器组保护各项电气参数，尤其是差动部分技术参数，存在经验不足和麻痹思想。

（四）处理及防范措施

（1）将第2侧平衡系数修改为0.13，第3侧平衡定值修改0.52，1号机组于5月24日03时45分重新经同期装置合闸并网恢复。

（2）联系保护定值整定计算单位立即对发电机变压器组保护定值重新进行核算，根据计算结果，对1号机发变组保护定值进行重新整定，做好交代和培训工作，防止此类事件再次发生。

（3）联系保护定值计算单位到电厂，要求并监督认真核对各保护装置型号、设计图纸、厂家说明书等技术资料，做好充分的调研和收资，确保保护定值计算所需资料的准确性，避免由于资料误差造成的"误整定"事件。

（4）机组带负荷后，组织电气专业人员对重新整定定值的保护装置进行全面检查，并做好记录，发现保护装置中出现电气量异常、装置报警等事件时，应引起高度重视，分析清楚原因，及时消除隐患。

（5）继电保护定值审核的各级人员应高度负责，发现定值重大变化应核实实际情况，及时发现事故隐患。继电保护装置定值整定方案和保护定值通知单由整定计算专责人负责编写、计算，监督专责工程师负责复核，总工程师（或生产副厂长、副总经理）批准后执行。

（6）组织电气专业人员开展警示教育学习，加深对《继电保护和安全自动装置运行管理规程》（DL/T 587—2016）、《继电保护和电网安全自动装置检验规程》（DL/T 995—2016）、《大型发电机变压器继电保护整定计算导则》（DL/T 684—2012）等相关规程规范的理解和掌握，在实践中积累经验，不断提高自身业务能力，保障机组安全。

案例 1-2：江苏某变电站主变压器中性点间隙击穿事件

2015 年 4 月 11 日，江苏某变电站 110kV 南陈集变压器 2 号主变压器高后备保护装置间隙零序保护动作，跳开 702 断路器，110kV 陈新 840 线路失电，相关情况如下：

（一）事件经过

2015 年 4 月 11 日，江苏某变电站 110kV 陈新 840 断路器运行，702 断路器运行，供 2 号主变压器负荷，110kV 陈张 729 断路器运行，701 断路器运行，供 1 号主变压器负荷，110kV 分段 710 热备用，110kV 备自投装置投分段备投，1 号主变压器中性点接地，2 号主变压器中性点未接地，陈新线对侧主变压器中性点接地运行。故障前系统运行方式如图 1-1 所示。

10：32，110kV 南陈集变压器 2 号主变压器高后备保护装置间隙零序保护动作，跳开 702 断路器；110kV 陈新 840 线路失电，110kV 备自投装置动作跳开陈新 840 断路器，合上分段 710 断路器。

（二）原因分析

1. 保护动作原因

现场检查保护装置报文与遥信正确，2 号主变压器高压侧后备间隙零序保护在 822ms 时出口跳开 702 断路器，896ms 时对侧新御变压器 840 间隔线路零序过流Ⅱ段保护动作跳开新陈线断路器，5s 后备自投动作，录波器录波完整，定值核对无误，2 号主变压器转冷备用后主变压器本体及避雷器的各项试验检查正常，2号主变压器110kV侧中性点放电间隙处可见明显放电痕迹。线路工区对陈新840线路检查发现线路有C相单相接地。

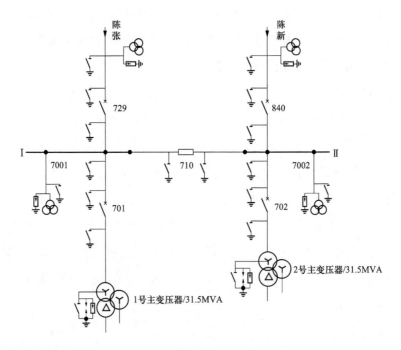

图1-1   故障前系统运行方式

2. 发生原因

故障发生时，2号主变压器高压侧电流电压的录波波形如图1-2所示。

由图1-2可以看出，故障发生前2号主变压器高压侧三相电压对称，无零序电压，无故障电流，间隙也没有零序电流。74ms时C相电压降低，且有10.3V的残压，A、B相电压基本不变，且Ⅱ母电压互感器开口三角电压为100.4V，可见2号主变压器高压侧发生了C相单相接地故障，故障点应在Ⅱ段母线外侧，即840陈新线上。

如图1-2所示，几乎在单相接地故障发生的同时，2号主变压器中性点流变采集到18.8A的零序电流，可见故障发生后2号主变压器中性点间隙被击穿，间隙击穿改变了2号主变压器侧的零序通路，使得故障线路的南陈集变压器侧三相有零序电流流过。

图1-3中录波截取的是2号主变压器高压侧702断路器跳闸前后的四个

周波，从图 1-3 可以看出，当 2 号主变压器高后备保护动作跳开 702 断路器后，2 号主变压器高压侧 110kVⅡ段母线的三相电压依然严重不对称，可见此时对侧线路保护尚未跳开 840 线路断路器，C 相单相接地故障尚未切除。

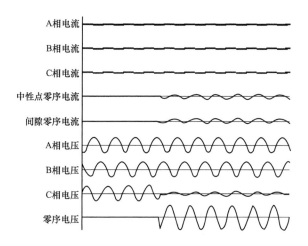

图 1-2　2 号主变压器高压侧电流电压录波波形

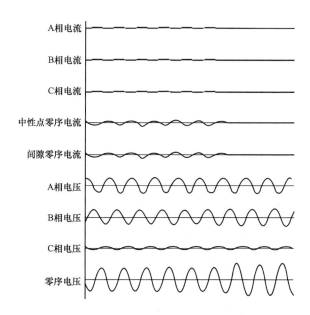

图 1-3　2 号主变压器高压侧 702 断路器跳闸前后波形

图 1-4 为故障发生后线路电源侧的故障电流录波图，图 1-4 中的故障电流进一步表明 840 陈新线上发生了 C 相单相接地故障。

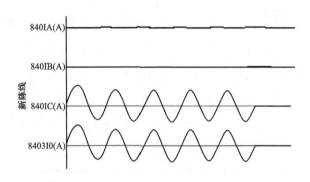

图 1-4　故障发生后线路电源侧故障电流波形图

2 号主变压器高压侧中性点间隙击穿后，702 断路器跳闸前，故障线路非故障相上流过的电流为提供给 840 线路末端南陈集变压器侧的零序分量电流，840 线路首端零流保护电流互感器与 2 号主变压器高压侧后备保护电流互感器变比相同，均为 600/5，2 号主变压器中性点间隙保护电流互感器变比为 300/5，非故障相 A、B 相上流过的电流基本相等，均为 3A 左右，且中性点零序电流的二次值是三相电流二次值的 2 倍，2 号主变压器高压侧 702 断路器跳闸后，零序电流无通路，如图 1-3 所示，主变压器侧三相故障电流为 0。

线路发生单相接地故障时，南陈集变压器侧 2 号主变压器中性点间隙击穿流过的间隙零序电流满足主变压器高后备间隙过流保护动作整定值，保护启动，0.5s 出口跳主变高压侧 702 断路器；接地故障发生在线路首端二段保护范围内，保护动作整定时间为 0.6s，因此 702 断路器跳闸后，延时约 127ms 后，线路保护动作切除故障。

系统发生单相接地时，有效接地系统中的不接地变压器中性点的稳态电压及暂态电压最大值分别如式（1-1）、式（1-2）所示。

$$U_{\text{osm}} = \frac{k}{k+2}U_{\varphi m} \tag{1-1}$$

$$U_{\text{otm}} = \left[\frac{(1+\gamma)}{2+k} - \frac{(1+2\alpha)\gamma}{3}\right]U_{\varphi m} \tag{1-2}$$

式中　k——系统零序综合阻抗与正序综合阻抗之比；

　　$U_{\varphi m}$——系统最高运行相电压；

　　γ——变压器内部震荡衰减系数；

α——变压器相间、相地电容之比。

有效接地系统时 $k \leqslant 3$，取 $k = 3$，连续式绕组取 $\gamma = 0.8$，$\alpha = 0$，则 C 相单相接地时变压器中性点稳态电压最大值为 43.8kV，暂态电压最大值可达到 78.84kV。

根据规程要求，110kV 侧主变压器中性点间隙距离在 12 ± 0.5cm，该变电所 2 号主变压器 110kV 中性点间隙实测值为 12.4cm，此间隙的工频放电电压应为 49～58kV，单相接地故障时中性点稳态电压最大值不应击穿间隙。

巡线发现 840 线路单相接地时 840 线路附近有起重机作业，因施工不规范，作业中起重机臂距离 840 线路 C 相过近导致 C 相对起重机臂电弧放电。在故障刚发生、电弧发展瞬间的暂态过程中，因电弧电流的快速增大，线路对地电容与系统对地短路阻抗间会产生很高频率的暂态过电压，且在故障刚发生的暂态过程中，故障电压、电流中还有非周期分量，中性点间隙电压的高频分量、非周期分量叠加在工频电压分量上，电压的最大值达到间隙的击穿电压，引起 2 号主变压器中性点间隙的击穿。

（三）暴露问题

现行的故障线路电源侧接地零流Ⅱ段的整定时间为 0.6s，南陈集变压器侧 2 号主变压器高后备间隙零流的整定时间为 0.5s，这样的时间配合导致故障发生后 2 号主变压器先动作跳闸，即使后来备自投动作Ⅱ段母线恢复送电，但 2 号主变压器停运造成的负荷损失已不可避免。

（四）处理及防范措施

（1）考虑到继电保护装置及断路器动作的固有延时，建议将 2 号主变压器高后备间隙零流保护的动作时间整定为 0.8s，以保证发生类似故障时保护动作的选择性，也可在进线线路装设全线速动保护，线路发生故障电源侧线路保护即可快速跳闸隔离故障，保证受电侧不接地主变即使中性点间隙击穿也不会误动作，这样备自投动作才有意义，主变压器短暂失电后才能快速恢复运行。

（2）现场检查发现 2 号主变压器中性点间隙两侧的圆钢表面污垢沉积，间隙两侧触头处有部分锈蚀，表面已不再光滑，有部分毛刺，间隙击穿电压已有一定程度的降低，即使发生金属性接地，在一定情况下该间隙都有可能发生击穿，造成主变压器跳闸，因此在日常对变电站主变压器的检修维护中，应加强对主变压器中性点间隙的清理养护工作。

（3）单相接地暂态过程中高频电压分量的频率、幅值与故障发生瞬间三相电压的相位、系统运行方式等都有密切关系，具有一定的随机性，很难得出精确的计算结果，因此本次主变压器中性点间隙击穿具有一定的偶然性。非金属性永久接地故障对不接地变压器中性点绝缘的威胁很大，很可能导致保护间隙击穿，间隙零序保护动作切除正常运行中的变压器，造成停电事故，在平时的运行管理中，应对这类可能的停电隐患重点关注。

案例 1-3：山东某变电站母线失压造成距离保护误动作事件

某日上午 8:15，某变电站 35kV 母线失压，35kV 电厂Ⅱ线距离Ⅰ段动作跳闸，相关情况如下：

（一）事件经过

根据调度报告，某日上午 8:15，某变电站 35kV 母线失压，35kV 电厂Ⅱ线距离Ⅰ段动作跳闸，动作阻抗值为 0；35kV 电厂Ⅰ线发 TV 断线信号。35kV 电厂Ⅰ线、35kV 电厂Ⅱ线为来自同一发电厂的同塔双回线路，事故前并列运行，参数相同，定值相同，保护装置均采用 RCS-9615Ⅱ型保护。

（二）原因分析

1. 保护动作原因

本次事故为 35kVⅠ、Ⅱ母失压造成 35kV 电厂Ⅱ线距离Ⅰ段保护误动作。由距离保护原理可知：对于距离保护，运行中测量阻抗 $Z=U/I$，当电压互感器二次回路断线时，$U=0$，$Z=0$，阻抗元件将会误动作。

2. 发生原因

微机保护中为防止阻抗元件误动作，任何保护的出口必须在保护装置总起动的条件下才会实现，而保护总起动通常采用电流元件，电流元件不受电压回路断线影响，可以在失压过程中起到可靠的闭锁作用。所以在失压时本站距离保护应该被有效闭锁，不应该造成跳闸。

根据保护厂家说明书，距离保护起动条件判据为：

（1）$\Delta I\Phi\Phi_{\max}>1.25\Delta IT+DI_{zd}$。

注：DI_{zd} 为突变量起动定值，是固定门坎；$1.25\Delta IT$ 是浮动门坎，随着变化量输出增大

而逐步自动增高，取 1.25 倍可保证门坎电压始终略高于不平衡输出，$\Delta I\Phi\Phi_{max}$ 是取三相间电流工频变化量中最大的一相间电流的半波积分值。该判据满足时，总起动元件动作并展宽 7s，去开放出口继电器正电源。

（2）第二部分为过流起动元件。

当电流大于整定值时，电流起动元件动作，作为起动元件输出开放出口继电器正电源。

（3）第三部分为负序过流起动元件。

当负序电流大于整定值时，负序电流起动元件动作，作为起动元件输出开放出口继电器正电源。

由调度自动化系统调取跳闸时的记录知：跳闸前电厂Ⅱ线保护一次侧电流为 194A，二次侧电流大约为 194/120＝1.61（A）（保护绕组变比为 600/5），过流起动定值（I_{qzd}）为 1.5A，因跳闸前二次电流大于 1.5A，所以过流起动动作，开放出口正电源，电流元件无法对母线失压进行有效闭锁。

此时发生 TV 断线故障，35kVⅠ、Ⅱ母失压，则电厂Ⅱ线测量阻抗 $Z=U/I=0$，距离Ⅰ段保护动作，因出口有正电源，所以出口跳闸成功。由于电厂Ⅰ线当时一次电流为 78A，二次侧电流为 0.65A（保护绕组变比为 600/5），小于过流起动定值（1.5A），所以电流起动元件有效闭锁，经过 1.25s 延时后发 TV 断线信号。

（三）暴露问题

定值配合不当，导致母线失压时距离保护会误动作跳闸。

（四）处理及防范措施

应加强定值管理工作，对于使用距离保护的站点，根据负荷增长情况及时调整过流起动定值和负序过流起动定值，防止其动作开放出口正电源造成断路器误动作跳闸。定期检查电压并列装置，防止因并列装置损坏造成母线失压。

第二节　现场设备整定错误的问题

正确的整定计算及执行是保护正确动作的两个重要条件。由于专业的分工不同，保护的整定计算及执行通常由不同的人员在不同的地点进行，由于各种主、客观方面的原因，现场人员在执行定值单时常常出现错误，因此而引起的发电企业事故及事故扩大化的现象时有发生。

案例 1-4：贵州某电厂全厂停电事件

2019 年 9 月 26 日，贵州某电厂 6kV 输煤 B 段皮带电机启动中故障绝缘为零，1 号厂变压器 1A 分支零序过流 I 段动作，启备变压器跳闸，相关情况如下：

（一）事件经过

2019 年 9 月 26 日，如图 1-5 所示，事件发生前 1 号机组运行负荷为 522MW，2 号机组运行负荷为 490MW，500kV 第一串 5011、5012、5013 断路器合环运行，500kV 第二串 5021、5022、5023 断路器合环运行，5001 断路器运行，普换甲线、普换乙线运行，1 号 M、2 号 M 母线运行。1 号、2 号高压厂用变压器带 6kV 厂用 1A/1B、2A/2B 段运行，1 号启备变压器运行状态。

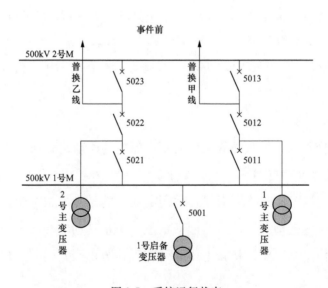

图 1-5　系统运行状态

9:25 6kV 输煤 B 段 7B 皮带电动机启动中故障绝缘为零，1 号厂变压器 1A 分支零序过流 I 段动作，1 号机 6kV 厂用分支电源进线断路器跳闸并启动快切成功，1 号启备变压器合闸于永久性故障跳闸，5001 断路器跳闸，1

号机发电机变压器组程序逆功率保护动作，5011、5012 断路器跳闸，1 号机组与系统解列；2 号机组发电机变压器组程序逆功率保护，5021、5022 断路器跳闸，500kV 1 号 M 失电。

11:20 1 号启备变恢复运行至 13:8 6kV 输煤 B 段 7B 未发现故障再次启动，启备变压器跳闸，5001 断路器跳闸，500kV 1 号 M 失电。

18:24 隔离故障点后，1 号启备变压器恢复运行正常。

（二）原因分析

1. 保护动作原因

6kV 输煤 7B 皮带机电动机内部发生永久接地故障，零序Ⅰ段保护动作告警，6kV 输煤 B 段母线失电后，低电压保护延时 9s 动作，断路器跳闸。1 号变压器保护 A/B 屏 A1 分支零序过流Ⅰ段动作，厂用变压器 A 分支出口断路器（6kV-1A 段母线工作电源断路器 611）跳闸，启动 A 分支快切，6kV-1A 段母线由工作电源切换至备用电源供电，1 号启备变压器失电，闭锁快切装置，6kV-1A 段母线失电。

1A/C/E 磨煤机和 1A 送风机、1A 一次风机失去出力，1 号机组热控保护 MFT 动作，主汽门关闭，1 号发电机保护 A/B 屏程序逆功率保护动作，1 号机组 5011、5012 断路器、发电机灭磁断路器、厂用变压器 B 分支侧断路器（6kV-1B 段工作电源断路器 612）跳闸，500kV 第一串解环，1 号机组跳闸，1 号机组 6kV-1A 段、1B 段母线失电。

2 号机非电量保护屏"主变压器冷控失电超过 90min"保护动作，5021、5022 断路器跳闸，500kV 第二串解环，500kV 1 号 M 失电。

输煤运行人员启动皮带机，7B 皮带机断路器合闸，零序Ⅰ段动作告警，在 6kV 输煤 B 段母线失电后，低电压保护延时 9s 动作，断路器跳闸。1 号启备变压器保护 A/B 屏低压 B 侧零序过流Ⅰ段动作，1B 分支断路器 6120、2B 分支断路器 6220 跳闸，6kV-1B 段、6kV-2B 段母线失电。1 号启备变压器保护 A/B 屏低压 B 侧零序过流Ⅱ段动作，"变压器三侧断路器跳闸"出口，1 号启备变压器 5001 断路器、低压侧 1B 分支断路器 6120、2A 分支断路器 6210、2B 分支断路器 6220 跳闸，1 号启备变压器失电，6kV-1B 段、2A 段、2B 段母线失电。

2. 发生原因

（1）解开电缆和电动机解体检查，确认 6kV 7B 皮带电动机内部有放电痕迹（见图 1-6），绕组对地绝缘为零，为永久接地故障。

图 1-6　7B 皮带电机受损痕迹

（2）6kV 输煤 B 段 7B 皮带 6kV 断路器零序保护定值与正式版定值单不一致，造成零序保护动作仅报警，未动作于跳闸，是先后两次事件扩大的第一原因。

零序保护报警动作两次，动作时间均与 1 号机组变压器保护厂高压变压器低压分支零序 Ⅰ 段、1 号启备变压器低压侧分支零序 Ⅰ 段、6kV-1A 母线 TV 综合保护装置接地保护、6kV-2A 母线 TV 综合保护装置接地保护的动作时间一致。

检查发现，零序保护定值与正式版定值单不一致。进一步核查，发现 2018 年 12 月正式版定值单下发给维护单位后，运维单位未进行保护定值修改，电厂生产技术部电气专业工程师未跟踪保护定值修改情况，导致 6kV 输煤系统定值不正确，零序保护未投入跳闸。

（3）根据设计，输煤 6kV 联络断路器和输煤 6kV 母线进线电源断路器未配置零序保护。

（4）输煤 6kV 电源 1/2 号馈线断路器零序保护整定错误，造成零序保护未动作，是事件扩大的第二原因。经检查保护装置定值设定与定值单一致，但在零序 TA 一次通流试验中，保护装置无采样输出，进一步检查发现该保护装置为线路型，零序电流产生方式有专用控制字以选择"自产"或"外加"方式，保护计算人员错误整定在"自产"方式，造成保护定值300A（二次值0.6A，TA变比500：1）远高于实际故障电流88A（二次值1.76A，TA变比50：1），零序保护未能正确启动。

（5）虽然1号机组变压器保护厂高变低压分支零序Ⅰ段保护正确动作、6kV-1A段母线工作电源断路器611正确跳闸，但未闭锁快切装置，造成快切装置启动，6kV-1A段母线备用电源断路器6110合闸在永久接地故障上，是事件扩大的第三原因。

（6）2号机非电量保护屏"主变压器冷控失电"保护超过90min动作，5021、5022断路器再次跳闸，500kV第二串解环，500kV1号M失电。原因是电厂运行人员忙于机组跳闸后的热力系统调整，未按运行规程要求将2号机非电量保护屏"主变冷控失电"保护出口连接片解除，造成2号机非电量保护屏"主变压器冷控失电"保护超过90min动作，5021/5022断路器再次跳闸，因第一串5011、5012断路器尚未合环，500kV1号M再次失电。

（三）暴露问题

（1）未设置厂用高压变压器低压侧零序Ⅰ段动作闭锁快切装置的功能，是继电保护整定计算单位未按规范设置造成，建设单位审核继电保护整定计算也未发现此问题。

（2）6kV输煤1号路电源断路器、6kV输煤2号路电源断路器的零序Ⅰ段保护整定错误，是继电保护整定计算单位错误采用大变比的主TA（500/1A）自产零序电流，未使用断路器自带零序TA（50/1A），导致零序Ⅰ段保护不能正确动作、事件进一步扩大，建设单位审核继电保护整定计算也未发现此问题。

（3）6kV输煤7B皮带机断路器保护定值未由调试定值更新至2018年12月发布的正式版定值，导致零序保护仅投信号，造成越级跳闸；运维单位收到正式版定值单后未开展定值核对；继电保护监督管理不到位，未发现保护定值未更新。

（4）2019年度继电保护定值核查工作没有及时完成，事件发生前，仅完成500kV系统和1号机组发电机变压器保护、1号机组6kV设备保护、2号机组6kV设备保护的定值核对工作，尚有2号机组发电机变压器保护、输煤

6kV 设备保护等定值核查工作未开展。

（5）电厂保护定值管理部门对保护定值工作不重视，未能按照电厂《保护定值管理办法》及技术监督相关要求开展 2019 年度继电保护定值和计算书校核工作。

（6）事故处置过程中，电厂值长未及时安排人员按照机组停运保护连接片投退单进行 1 号主变压器、2 号主变压器冷控失连接片退出的工作，造成 2 号机非电量保护屏"主变压器冷控失电"保护超过 90min 动作，导致 5021、5022 断路器跳闸，500kV 1 号 M 失电，是电厂值长事故处理指挥不到位的问题。

（四）处理及防范措施

（1）核对检查 6kV 输煤 A/B 段所有断路器的保护定值。检查发现 6kV 输煤系统所有断路器（共 24 台）保护定值均未更新为正式版定值，现全部更新为正式版定值，其中在检修状态的 7B 皮带机断路器保护进行了一次通流校验，结果正确。

（2）完成 6kV 厂用所有动力电缆铠装层接地线接线情况检查，确保未穿入外接零序 TV 导致零序保护失效，复核确认接线正确无误。

（3）完成发电机变压器组、励磁系统、启备变压器和 500kV 系统所有保护设备的保护调试情况复查，确认基建阶段遗漏 1 号、2 号主变压器高压侧零序差动保护调试工作，其余涉网继电保护均按调试规范完成调试和验证。

（4）尽快补充运行人员，高标准开展运行人员技能培训工作，根据年度、月度培训计划定期开展运行人员培训效果评价工作，评价结果作为运行人员岗位晋升主要依据，督促不断提升专业水平，准确、规范信息汇报工作。

案例 1-5：山东某电厂 3 号机组 400V 母线失压导致停机事件

（一）事件经过

2015 年 5 月 22 日 22：26，3 号机组负荷 98MW，主蒸汽流量 406t/h，工业抽汽流量 120t/h，A 给水泵运行，B 给水泵备用，A 给水泵勺管开度 87.16％。

22：26 启动 3 号机组 C 高压流化风机，400VⅢA 段工作电源 4325A 断路器跳闸，备用电源 4303 断路器未自投，400VⅢA 段母线失电；A 射水泵、A 冷却水泵、B 低加疏水泵、AEH 油泵、A 轴加风机、A 排烟风机掉闸，B 射水泵、B 冷却水泵、B EH 油泵、B 轴加风机、B 排烟风机联启正常；A 低加疏水泵未投自动手动开启；B 给水泵辅助油泵掉闸，B 给水泵解除备用，出口门不能关闭；A 给水泵勺管在 87.16％位置操作不动，联系热控检修处理。

22:31 运行人员检查 400VⅢA 段母线一、二次系统无异常，从 DCS 中强送 400VⅢA 段工作电源 4325A 断路器成功，400VⅢA 段母线恢复供电。

22:31 锅炉汽包水位持续升高至 186mm，开锅炉连排疏水、事故放水门、定排放水门降低汽包水位，水位呈下降趋势。

22:41 随着锅炉蒸发量的降低，汽包水位再次升高至 180mm，立即派人就地手摇关小 A 给水泵勺管开度，给水流量降低，汽包水位下降。因就地无法检查勺管开度和给水流量指示，监盘人员发现给水流量大幅降低时，立即联系就地人员手摇开大勺管开度。

22:43 锅炉汽包水位降低至水位低Ⅲ值，锅炉 MFT 动作，继续就地调整给水泵勺管开度，增大上水量调整至正常水位。

22:48 考虑就地手摇调整 A 给水泵勺管开度无法保证汽包水位稳定，遂强启 B 给水泵成功，停止 A 给水泵运行。

22:51 启动 A、B、C、D 给煤机，锅炉进行恢复操作。

22:52 3 号机 B 给水泵工作冷油器出口油温高报警，立即派人就地手摇开启 B 给水泵冷却水回水总门［B 给水泵冷却水回水总门在给水泵备用时在"自动"位置，给水泵启动后自动联开。强启 B 给水泵后，开指令已发出，阀门显示正在开启过程中（红色闪烁），但因阀门失电此门实际未开启，待运行人员发现时，工作冷油器出口油温高报警已发出］。

22:53 3 号机 B 给水泵因工作冷油器出口油温高Ⅱ值（85℃）掉闸，而此时 A、B 给水泵均不能启动（因两台给水泵均停运，且出口门均在开启位置，失电无法关闭。在此情况下，只有关闭出口门，保护逻辑方可允许启动给水泵）。

22:55 锅炉汽包水位降至水位低Ⅲ值，锅炉 MFT 动作。

23:02 3号机组打闸停机。

03:20 3号炉开动力点火，6:08 3号机开始冲转，6:35 3号机组并列。

（二）原因分析

1. 检查情况

（1）400ⅢA段母线失电检查情况：检查C高压流化风机断路器、保护、电机及400VⅢA段工作电源进线4325A断路器、保护均无异常。检查400VⅢA段备用电源自投装置过流保护动作，查看保护动作记录：1号线（工作电源）过流动作，动作值I_{a1}＝3.33A、I_{c1}＝3.34A；1号线过流保护定值：3A，动作时间1s，TA变比：3000/5。

（2）3号机A给水泵勺管执行器、B给水泵冷却水回水电动门操作不动的检查情况：3号机组A给水泵勺管执行器、B给水泵冷却水回水电动门电源均取自3号汽机0米电动门配电柜，经检查发现0米汽机电动门配电柜失电，导致0米汽机电动门配电柜内电动阀门操作不动。B给水泵勺管执行器电源取自5米的汽机电动门配电柜，故B给水泵勺管执行器远控操作正常。

（3）3号机0米汽机电动门配电柜失电检查情况：3号机0米汽机电动门配电柜设两路电源：Ⅰ路电源取自400VⅢA段，Ⅱ路电源取自400VⅢB段，采用两只交流接触器实现双电源切换。交流接触器型号为B105型，投运至今已超过10年时间。现场检查3号机0米电动门配电柜内Ⅰ、Ⅱ路电源接触器上口空开均跳闸，Ⅰ路电源交流接触器卡涩，处于吸合状态。将Ⅰ路交流接触器解体后检查发现接触器铁芯联动辅助接点塑料卡件断裂，掉落至接触器内部（见图1-7）。进一步检查400VⅢB段汽机0米电动门配电箱电源间隔B相保险熔断。更换熔断的保险及0米电动门配电柜Ⅰ、Ⅱ路交流接触器，送电并进行电源切换试验，动作良好。配电柜内所有电动门操作正常。

2. 原因分析

（1）机组停运原因：A给水泵勺管执行机构无法调整，运行人员启动B给水泵后手动停止A泵；B给水泵冷却水回水总门失电无法开启，导致冷油器出口油温高给水泵跳闸，此时两台给水泵全停。因两台给水泵出口电动门不在关位置且无法进行操作，给水泵不能重新启动，汽包水位无法维持，运行人员手动打闸停机。

图 1-7 卡涩的交流接触器外观图

（2）汽机 0 米电动门配电柜失电原因：400V ⅢA 段失电后，0 米电动门配电柜Ⅰ路电源接触器应返回，但因接触器铁芯联动辅助接点塑料卡件老化断裂，造成接触器卡涩未能断开。Ⅱ路电源接触器监测到Ⅰ路电源失电后自投，致使 400V ⅢB 段通过汽机 0 米电动门配电柜反送电至 400V ⅢA 段母线，因负荷电流大导致电动门配电箱内两路 100A 电源空开跳开，400V ⅢB 段 0 米电动门配电柜Ⅱ路的电源间隔 B 相 100A 保险熔断。

（3）400V ⅢA 段母线失电原因：400V ⅢA 段正常运行时负荷电流为 577A，启动 C 高压流化风机（132kW）瞬间，工作电源进线 4325A 断路器电流达到 2000A（保护采样值 3.33A，TA 变比 3000/5），超过备自投装置内过流保护定值（1800A、动作时间 1s），400V ⅢA 段备用电源自投装置保护动作，跳开工作电源进线 4325A 断路器并闭锁备用电源 4303 断路器自投，400V ⅢA 段母线失电。

（4）备自投过流保护动作原因：2014 年 10 月，400V ⅢA 段备自投装置进行改造升级，由原 MBZT-60Hb 型更换为 MBZT-600Hb 型，新换备自投装置增加了过流保护跳闸功能，与原装置单一的过流闭锁功能有较大差异。装置改造后，过流定值未根据装置功能的变化进行相应调整，过流定值偏低导致机组正常运行启动大动力设备时保护动作。

（三）暴露问题

（1）专业技术人员对新设备、新装置基本原理学习掌握不够，未能正确甄别新旧装置原理差异。

（2）保护定值配置不合理，定值审核把关不严，未能发现存在的问题，埋下隐患。

（3）2015年3号机小修中对热工各电动门配电柜电源系统进行检查并进行切换试验正常，热控专业对电源回路切换时间和电压列为主要检查项目，但对使用年限较长的交流接触器存在的隐患认识不足，未能提前采取措施预防本次事件的发生。

（4）运行人员对电动执行机构失电故障的处理经验不足，未进行充分的事故预想。

（四）处理及防范措施

（1）加强专业技术人员培训，特别加强对新设备、新装置原理的学习和掌握。

（2）结合年度保护定值校核，重新梳理保护定值，加强定值审核把关。

（3）对3号机0米汽机电动门配电柜内Ⅰ、Ⅱ路交流接触器均进行更换，利用检修机会将3、4号机组运行年限较长的交流接触器全部进行更换。

（4）加强运行人员技术培训，针对重要电动执行机构失电故障进行事故预想和反事故演习，提高运行人员技能水平和事故处理能力。

案例1-6：山东某电厂4号机组跳闸事件

2013年1月23日，山东某电厂4号机组在运行过程中发出"6kV脱硫Ⅳ段失电"声音报警，锅炉MFT动作，相关情况如下：

（一）事件经过

2013年1月23日04:35，4号机组AGC方式运行，负荷207MW，主汽压力16.6MPa，主汽温538.1℃，4号炉A、B磨煤机运行，A、B、C炉水泵运行，A、B汽动给水泵运行，机组运行稳定。

04:36:28，4号机组发出"6kV脱硫Ⅳ段失电"声音报警。检查4号炉A磨煤机跳闸，A侧送、引风机跳闸，A一次风机跳闸，A空预器主电机跳闸，辅助电机联锁启动正常。A、B炉水泵跳闸，C炉水泵运行，锅炉火焰电视无火，汽机跳闸，高压主汽门、调门，中压主汽门、调门关闭，给水系统 A、B 汽泵跳闸。检查 DCS 曲线，4：36：53，一次风/炉膛差压低跳闸信号发出，锅炉 MFT 动作，首出为"全炉膛无火"。

（二）原因分析

1. 保护动作原因

（1）发电机解列后检查 6kV 工作ⅣA 段电压失去，A 段快切装置出口闭锁；B 段快切装置动作切至备用电源。400V 保安Ⅳ段进线电源由工作进线切至备用进线，400V 工作ⅣA 段失电。4 号 A 炉水泵电机综合保护装置发出"过热保护"报警，无当日其他保护动作报告，6kV 工作ⅣA 段其他断路器无异常报警。

（2）检查 4 号发电机变压器组保护 A、B 屏显示保护动作情况：4：36：28，4 号发电机保护柜发出"高压厂用变压器 A 分支零序保护动作"报警，A 分支零序过流 t_1 保护动作。A 分支零序电流动作定值 0.25A，动作时间 1s，A 柜零序动作电流：CPUA 1.3531A，CPUB 1.3855A；B 柜零序动作电流 CPUA 1.3775A，CPUB 1.3897A，折算至一次电流值为 550A 左右，高压厂用变压器 A 分支零序过流保护正确动作。保护动作闭锁 6kV 工作ⅣA 段快切，6kV 工作ⅣA 段母线失电，ⅣB 段厂用电快切装置动作正常，发变组录波器录波曲线如图 1-8 所示。

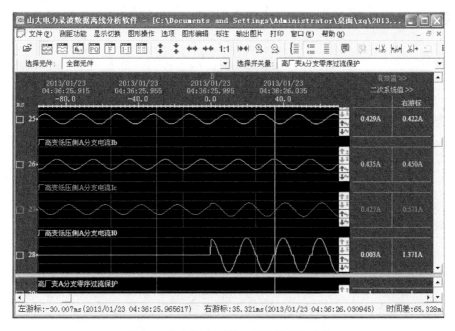

图 1-8　发电机变压器组录波器录波曲线

（3）测量4号A炉水泵零序TA伏安特性，能满足零序保护要求。做4号A炉水泵零序TA大电流试验，在零序TA一次侧加500A电流，测量TA二次电流13A，且波形无畸变现象。在零序TA一次侧加600A电流，保护动作正常，排除TA饱和的可能性，如图1-9所示。

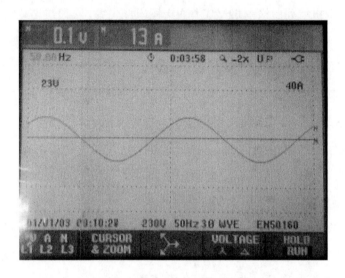

图1-9　测量TA二次电流波形

（4）进行4号A炉水泵综保装置零序回路通流检查，加电流后装置显示正常；检查4号A炉水泵综保接地电流定值一次值为10A，将该断路器拖至试验位置合闸，在零序TA一次侧通11A电流，保护装置正确动作跳闸。模拟故障时相电流及零序电流值，在保护装置上加电流，A相端子加0.5A，C相端子加11A，零序端子加15A（B相代替），"过热保护"信号发出，"接地保护"未动作。

（5）在4号A炉水泵断路器出口电缆处测量炉水泵电机绝缘为0，打开4号炉A炉水泵电机接线盒检查电机引线，发现C相引线处有烧黑现象，拆除电缆，测量电机绝缘电阻为0，电缆绝缘820MΩ，电缆绝缘合格。

2. 发生原因

（1）2012年4月，4号机组大修时，将4号炉A、B、C炉水泵电动机进行改造性大修。本次A炉水泵跳闸后，发现电动机C相引线处有烧黑现象，电动机绝缘为0。经现场查看，确定是导电头故障接地造成的，原因可能是导电头绝缘套材料存在缺陷或设备出厂前单独做的导电头水耐压试验、交流耐压试验，因执行标准较高（水压 26MPa，温度 60℃，交流耐压 13kV，5min），可能对导电头造成一定损伤。因导电头处于引线内封里面，设备交接时，通过引线外部检查及绝缘测量和交流耐压试验不能发现导电头的损伤。

（2）A 炉水泵电机接地后电机综合保护装置零序保护未出口跳闸，高压厂用变压器 A 分支零序动作跳 6kV 工作ⅣA 段，保护动作闭锁快切装置，6kV 工作ⅣA 段母线失压，A 侧设备失电，A 磨煤机（机组跳闸前 A、B 磨运行，C 磨备用）、A 一次风机、A 送风机等设备失电造成燃烧工况恶化，"全炉膛无火"发出，MFT 动作。

（3）根据装置说明书"接地保护采用最大相电流 $I_{max}[I_{max}=(I_a, I_c]$ 做制动量，所以在 A、B、C 三相电流中需施加一相制动电流。当 $I_{max} \leqslant 1.05I_e$ 时，施加的零序电流大于零序电流动作值 I_{odz}，保护延时 todz 动作；当 $I_{max} > 1.05I_e$ 时，施加的零序电流大于 $[1+(I_{max}/I_e-1.05)/4]I_{odz}$，保护延时 t_{odz} 动作。"在综保装置电流回路 A 相端子加 0.5A，C 相端子加 11A，零序端子加 15A（B 相代替）时，相当于一次负荷电流 25A，故障相电流和零序电流约 550A，根据装置说明书计算制动倍数 82 倍，试验时综保装置内部零序显示倍数约 65 倍，小于 82 倍，未达到零序保护动作条件，零序保护不动作。

（4）经与保护设备生产厂家确认，因目前综合保护装置模拟板上零序保护量程是通过跳线选取，根据试验确定目前跳线在 0.02 挡位上，大电流接地时超出装置零序 TA 采样范围且制动倍数远大于动作倍数，造成零序保护不动作。根据装置说明书要求，大电流接地系统选取 0.2 挡位，小电流系统选取 0.02 挡位。

（三）暴露问题

（1）电气技术人员对 6kV 综合保护装置了解不全面，业务技能不够，保护检修时虽然根据厂家说明书进行了定值设定、通流和定值校验工作，但对保护装置的跳线设置不符合电厂的电机保护要求了解不够，对保护设备出厂时存在的设计隐患没有及时发现。

（2）对炉水泵改造进行了现场监督，根据厂家要求和现场监督规定对设备检修过程进行了表面验收以及相关试验，无法对设备内部进行监督。导电头位于导电杆内封里面,设备到厂后虽进行了导电杆外部检查以及交接试验,但这些手段无法检测出位于内封里面的导电头缺陷。

(四)处理及防范措施

(1)将 4A 炉水泵 WDZ-430 电动机保护装置零序跳线选择改为 0.2 挡位。同时,举一反三,对 3、4 号机组 6kV WDZ 系列保护装置进行全面排查,关于是否存在跳线选择不正确问题,进行整改。

(2)在机组检修进行保护校验时,完善综保装置保护校验方案,增加带制动方式下的零序保护校验内容,并完善标准保护校验卡。

(3)选择继电保护装置时,必须保证继电保护装置与电厂一次系统相匹配。

(4)对 6kV 综合保护装置进行专题培训,提高人员业务技能。

(5)4 号机组停机后,电机返厂进行解体,邀请专家参加解体分析,针对具体原因制定相应处理措施。

(6)2012 年 4 月 6 日机组非停中对 3、4 号机组保安电源切换方式改造工作已完成,下一步探讨 3、4 号机组保安段分别改造为两段,将重要负荷进行分段配置的可行性。

案例 1-7:贵州某电厂 2 号机组失磁保护动作停机事件

2019 年 4 月 6 日,贵州某水电厂 2 号机组"过励限制"动作,机组停机,相关情况如下:

(一)事件经过

2 号机组失磁保护动作前,2 号发电机有功负荷 322MW,无功负荷 162Mvar,机端电压 19kV,励磁电流 2520A,满足 2 号机组励磁系统强励信号动作条件(励磁电流大于强励动作值),2 号机组处于强励工作状态。08:53:26,2 号机组强励反时限限制到达后,强励退出、"过励限制"动作。

(二)原因分析

1. 保护动作原因

2 号机组在 4 月 6 日 08:53 运行过程中,运行工况达到"过励限制"动作条件,励磁系统强行减小励磁电流至 0,使 2 号机组满足发电机失磁保护动作条件,失磁保护动作停机。

2. 发生原因

（1）检查过程。

对 2 号机组励磁系统脉冲回路、灭磁断路器分闸切脉冲辅助回路接线检查均无异常，后对 2 号机组励磁系统开展小电流试验，验证程序和功能。

（2）发现问题。

使用继电保护仪对 2 号机组励磁控制系统加入测试量，在小电流状态下复现 2 号机组故障现象，过程中发现 2 号机组励磁系统"过励限制"动作后，持续未复归，进一步通过励磁调试软件检查励磁系统相关参数时，发现参数"长期允许最大励磁电流"设定值为"0"，与正常运行时的值"1.05"有明显差异。

（3）问题分析。

经分析，励磁系统程序中参数"长期允许最大励磁电流"的作用为："机组长期允许运行"的励磁电流范围设定值，其设定方式为额定励磁电流的倍数。即：机组"过励限制"动作后，依据该参数将励磁电流调节至允许长期运行的范围。原程序中，对"过励限制"动作后的励磁电流，固定限制在 1.01 倍额定值，即机组"过励限制"动作后，励磁系统将调节励磁电流维持在 1.01 倍额定值附近运行。

新修改程序中，若此参数设定为"0"，当过励限制动作后，励磁系统强行减小励磁电流至 0A，将导致发电机组失磁。

分析此参数设定为"0"后可能出现的现象和结果，与 2 号机组故障基本一致，初步判断 2 号机组励磁系统程序中"长期允许最大励磁电流"参数设定错误，是导致本次事件的主要原因。电厂对此开展了试验验证。

（4）结论验证。

经现场对"长期允许最大励磁电流"定值为 0 状态下的 2 号机组励磁系统开展静态试验，验证过励限制动作逻辑，此时过励限制动作值为 1.06 倍，长期允许最大励磁电流值为 0，用继电保护测试仪测试，加入 50% 励磁电流，增磁至角度为 54°，逐渐增加励磁电流大于 1.06 倍，当过励限制动作后，机组触发角度随之放开，触发角由 54° 逆变至 140.4°，即触发角变化至最大逆变触发角，通过保护测试仪手动减小励磁电流至 0.88 倍，由于"长期允许最大励磁电流"定值为 0，触发角保持为最大逆变触发角，励磁系统此过程中录波结果如图 1-10 所示。

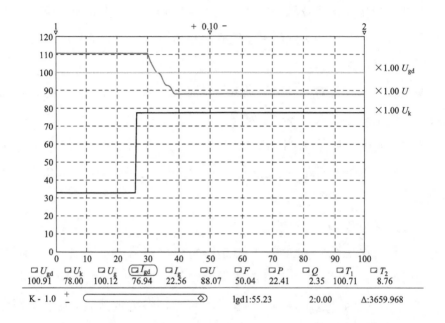

图 1-10 "长期允许最大励磁电流"定值为 0 状态下的 2 号机组励磁系统录波图

过励限制动作后过励限制将励磁电流减小至长期允许电流值 0，即机组相当于逆变，触发角上升至最大逆变角，励磁装置逆变励磁电压变为 0，与 2 号机组故障现象一致。

为做出对比分析，现场将过励限制动作值仍旧整定为 1.06 倍，长期允许最大励磁电流值为厂家通用定值 1.05 倍，其他参数不变开展静态试验，用继电保护测试仪测试，加入 50% 励磁电流，增磁至角度为 54°，逐渐增加励磁电流大于 1.06 倍，当过励限制动作后，机组触发角度随之放开，触发角由 54° 逆变至 140.4°，即触发角变化至最大逆变触发角，通过保护测试仪手动减小励磁电流至 0.88 倍，由于"长期允许最大励磁电流"定值为 1.05 倍，触发角随之逐渐恢复为过励限制前角度，触发角调整过程中由于励磁电流变化采用手动调节继电保护测试仪输出电流，调整速度与实际运行过程中励磁电流差异较大造成调整期间有部分时刻触发角直接变为最大逆变触发角，励磁系统此过程中录波结果如图 1-11 所示。

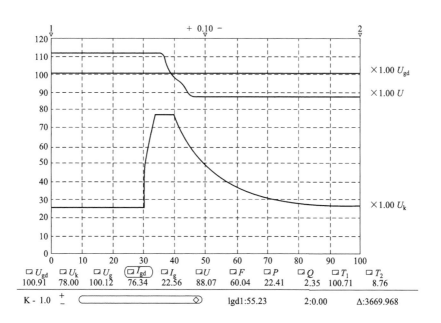

图 1-11 "长期允许最大励磁电流"定值为 1.05 的 2 号机组励磁电压曲线

将"长期允许最大励磁电流"定值修改为 1.05 后，直流电压变化过程与触发角变化过程同步，属于正常调节的体现。

综合上述分析，事件原因为："长期允许最大励磁电流"参数为励磁系统控制程序内部设定参数，参数设定未对电厂专业人员开放设置。电厂 2 号机组励磁系统控制程序在开展孤岛装置适应性改造过程中，由于厂家技术人员在修改 2 号机组励磁系统程序后，按通常方法使用工作前备份的励磁系统参数进行下载，过程中对新增的"长期允许最大励磁电流"参数存在遗漏（原程序中该参数为固化值，新程序中需进行参数设置，过程中厂家现场技术人员对该情况未了解，也未进行说明），导致该参数直接使用了缺省值"0"，导致 2 号机组在 4 月 6 日 08：53 运行过程中，由于运行工况达到"过励限制"动作条件，励磁系统强行减小励磁电流至 0，使 2 号机组满足发电机失磁保护动作条件，失磁保护动作停机。

（三）暴露问题

（1）励磁系统厂家人员对新修改的 2 号机组励磁系统程序与原程序差异情况掌握不到位，工作中存在疏漏。

（2）电厂人员技术技能水平不全面，未全面掌握修改前后的 2 号机组励磁系统程序差异情况，虽多次督促厂家技术人员对修改前后程序和参数定值进行复核工作，同时也自行开展检查，但仍存在检查不到位的情况。

（3）电厂对励磁系统软件、程序版本管理存在不到位，对设备改造过程中的软件、程序版本变化情况掌握不到位。

（四）处理及防范措施

（1）对检查发现的 2 号机组励磁系统程序中"长期允许最大励磁电流"参数进行设定完善。

（2）申请 2 号机组开机至空载（不并网）状态，模拟 2 号机组过励磁限制动作状态，对修改后的励磁系统参数进行动态模拟验证。

（3）督促励磁系统厂家，对新修改的 2 号机组励磁系统控制程序再次进行全面梳理排查，避免类似情况重复发生。

（4）对后续开展孤岛装置适应性改造的其他机组，励磁系统程序改造后加强对程序涉及定值、动作逻辑的检查和验证。

（5）完善励磁系统软件版本台账，加强对励磁系统软件、程序版本的记录登记。

案例 1-8：河北某电厂 2 号机组停机事件

2005 年 2 月 3 日，河北某电厂 2 号机组锅炉负压保护动作，大联锁动作，主汽门关闭，电气保护逆功率（经主汽门）保护动作，机组停机，相关情况如下：

（一）事件经过

2005 年 2 月 3 日 23：06 锅炉负压保护动作，大联锁动作，主汽门关闭，电气保护逆功率（经主汽门）保护动作，2 号机发电机变压器组系统 5012 断路器、励磁断路器、高厂用变压器低压侧 QB3、QB4 断路器、脱硫变压器分支进线 QB5 断路器跳闸，逆功率保护启动厂用 21、22 段快切，自动合上起备变压器低压侧 21、22 段备用进线断路器。由于脱硫变压器分支进线 QB5 断路器掉闸联跳脱硫 21 段进线断路器，脱硫 21 段失电，低电压动作启动该段快切装置合上母联，脱硫 21 段由脱硫 11 段串带。停机后保护及自动装置均正确动作。

停机后运行人员退出逆功率（不经主汽门）保护、投入发电机误上电保护；保护班工作人员和安全、健康、环保部工作人员将保护各类信号全部检查并复归。

2月4日6：58 2号机准备挂闸，挂闸不成功，经热控检查有电气保护动作指令，7：06通知保护班处理，经保护人员检查是由于发电机断水保护保持导致发电机变压器组保护关主汽门信号一直存在，7：14将上述信号复归，2号机于2月4日7：18挂闸冲转成功。

（二）原因分析

查看保护装置事件记录和了解运行方式，02月04日12：50发电机进行了反冲洗工作，热控逻辑判断为"发电机断水"，发电机断水保护动作，其触点进入发电机变压器组保护C30装置启动发电机变压器组全停，全停出口触点在跳5012断路器的同时通过5012断路器保护柜三跳继电器的触点再反馈回发电机变压器组保护柜（即系统保护接点）再跳一次5012断路器，由于发电机断水保护一直持续动作，发电机变压器组保护认为发电机持续故障，系统保护动作信号就一直保持。该保护的出口包括去热控关主汽门，闭锁汽机挂闸。

此次信号不能复归是由于停机后发电机断水保护持续动作，从而导致发电机变压器组系统保护动作一直保持。

（三）暴露问题

（1）当值人员在发电机进行反冲洗时未执行发电机变压器组保护连接片投退准则中连接片说明的第15条规定：发电机停机检修，如果发电机断水保护一直动作，需要将该保护连接片退出，避免继电器长期带电。

（2）专业内的主要技术人员对发电机断水保护这一危险点虽有一定的认识，但是没有进行细致的风险评估，跟进措施不完善，对发生断水保护影响系统保护信号复归的措施没有对运行和本班组的全部人员进行详细认真的交代，造成部分人员不能快速的复归信号。

（3）电气二次专业对此次机组的启动工作重视不够，安排的值班力量不足，班组内的主要岗位人员没能始终坚守在现场，管理上存在漏洞。

（4）电气二次专业值班人员专业技能不全面，现场经验少，培训工作有待加强，值班期间未去主动检查设备，而停留在等待运行人员通知缺陷的被动工作状态，未能及早发现和及时处理早已出现的保护信号。

（四）处理及防范措施

（1）给运行人员做好如下交代：发生系统保护信号不能复归的事件后，运行人员可在发电机变压器组组保护 A、D 柜内分别将系统保护连接片退出，按保护装置的 RESET 按钮复归后再将系统保护连接片投入。

（2）完善值班管理制度，遇有重大操作或机组启停时，班组内的主岗人员必须在现场。

（3）加强专业内部的交叉培训，提高现场解决问题的能力，避免机组在启动并网等关键时刻发生问题。

（4）提交发电机变压器组保护运行规程的补充措施。

（5）给运行值班员讲解发电机变压器组保护投退规定准则。

（6）对大联锁保护和与热控专业有关的信号、回路进行讲课学习，使班组人员熟悉相关设备。

第二章　装　置　问　题

继电保护装置是电力系统中的一个重要的组成部分，是保障供电安全及确保电力系统的安全性及稳定性的有效手段。当电力系统发生故障时，如果其继电保护装置没有得到快速准确的有效处理，将对整个电力系统的正常运行带来严重的影响，严重的可造成重大安全生产事件的发展，造成严重的经济损失。本章阐述了有关继电保护装置运行中存在的问题，并结合实际视情况，探索出科学有效的防范措施，将其安全风险降至最低，最大限度地保障电力继电保护装置在正常安全运行，提升电力系统的管理质量水平。

第一节　装置元件损坏的问题

继电保护装置能反应电气设备的故障和不正常工作状态并自动迅速地、有选择地动作于断路器将故障设备从系统中切除，保证不故障设备继续正常运行，将事故限制在最小范围，提高系统运行的可靠性，最大限度地保证向用户安全、连续供电，装置元件的损坏会造成保护装置的误动，造成电力系统设备的损坏，更严重甚至会造成系统的震荡。

一、装置采样板损坏导致保护误动或者拒动的问题

案例 2-1：山东某电厂 4 号机组励磁调节器故障导致停机事件

2015 年 1 月 18 日，山东某发电厂 4 号机组因"励磁调节器故障"跳闸。相关情况如下：

（一）事件经过

2015 年 1 月 18 日 10：59，4 号机组有功功率 461.6MW，无功功率

162Mvar，发电机定子电流 14.41kA，定子电压 19.7kV，励磁电流 3160A，励磁电压 283V。发电机励磁系统通道Ⅰ运行，通道Ⅱ备用。4 号机组跳闸，SOE 记录首出原因"发电机跳闸"，发电机变压器组保护 A、B 柜"外部重动 3"（即"励磁系统故障"）动作。联跳汽机，锅炉 MFT 动作，厂用电切换正常。

（二）原因分析

1. 故障信息

（1）4 号发电机变压器组录波器录波记录如图 2-1 所示。

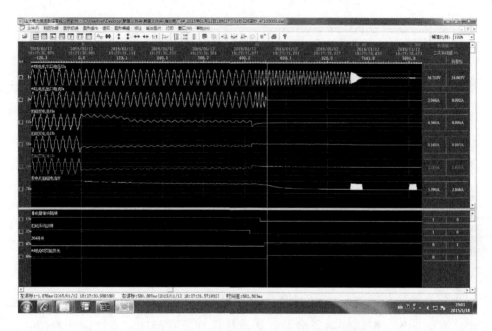

图 2-1　4 号发电机变压器组录波器录波曲线

录波图显示励磁变电流由 2.3A 突降至 0.1A 启动录波，496ms 后"励磁系统故障"发出，励磁变电流减小至 0A，再 69ms 后，204 断路器跳闸，机组跳闸。

（2）4 号发电机变压器组保护。发电机变压器组保护 A、B 柜"外部重动 3"动作。

（3）DCS 报警信号。"AVR 通道Ⅱ故障""EGC 投入""励磁总报警""励磁灭磁断路器跳闸"、"204 断路器跳闸"信号发出。

（4）检查整流桥 Fail 灯亮，整流桥 CDP 液晶显示屏 OFF 灯亮。

2. 检查情况

（1）外观检查 4 号发电机出口 TV、TA、励磁变压器、励磁封闭母线等一次设备无异常，测量励磁直流母线绝缘，绝缘值 $3.8\mu\Omega$，合格。

（2）检查励磁调节器 1～5 号整流柜、灭磁断路器柜、进线柜、控制柜，未发现明显故障点。

（3）励磁调节器检查：

1）检查 ARCnet 通信线 T、Y 型接头导通良好，测量终端电阻阻值 93Ω，符合厂家技术标准。

2）整流柜风机电源切换回路试验正常。

3）检查 24V 电源模块 G05、G15 输出正常，负极接地良好；测试带载能力，结果正常。

4）外观检查脉冲总线扁平电缆及插接情况，未发现异常。

5）测量整流柜 CIN 板电源，结果正常。

6）测量整流柜顶部电阻、电容，符合厂家标准。

7）与 ABB 公司联系，得到的答复为：重点检查 COB 板、24V 电源及负极接地、脉冲总线及 ARCnet 总线通信部分，如无异常更换上述部件。

3. 处理情况

（1）更换励磁调节器通道 I COB 主控板、MUB（测量单元板）、EGC（紧急备用通道控制板）、通道 II MUB；24V 电源模块 G05、G15；脉冲总线、LCP（就地控制板）、FBC、整流柜 CIN 板（5 块）。

（2）更换 LCP 至通道 II ARCnet 通信线 1 根，重新布线避免强电干扰；用 $1.5mm^2$ 导线绝缘外皮对所有 T、Y 型接口内插接口进行加固。

（3）增加 24V 电源负极沿原 $2.5mm^2$ 接地线并接 $4mm^2$ 接地线。

（4）冷却风机电源切换继电器为接触器。

4. 原因分析

（1）机组跳闸原因：发电机变压器组保护 A、B 柜"外部重动 3"动作，是本次机组跳闸的直接原因。

（2）发电机变压器组保护动作原因：由于励磁调节器故障，灭磁断路器跳闸，启动发电机变压器组保护出口。

（3）励磁调节器故障原因：

1）根据励磁调节器报文信息，通道Ⅰ（11：00：32.3200）通道Ⅱ（11：00：32.2400）报出 CH ARCnet fault 故障（根据两通道报文中通信故障发生及恢复相隔时间相同来判断），通道Ⅰ切换至本通道 EGC 方式运行。由于两通道均报出 CH ARCnet fault 故障，整流柜 CIN 板接收不到任何通信信息，整流桥触发脉冲自动闭锁，励磁电流下降，励磁变压器高压侧波形由交流波形转化为直流波形，三相电流同时存在（与整流桥正常换相工作时电流波形不同）480ms 后，EGC 板卡发出跳闸指令。

2）ARCnet 通信故障原因：1 月 12 日本机组因 ARCnet 通信故障发生非停，已对通道Ⅰ、Ⅱ的 COB 板，通道Ⅱ的 EGC 板、ARCnet 同轴电缆及通信接口进行更换，1 月 18 日，再次发生 ARCnet 通信故障导致机组非停。据此分析，导致本次故障可能是由于 24V 电源系统造成 ARCnet 通信故障。

柜内 24V 电源来自于厂用直流 1 和励磁变压器电源，如图 2-2 所示；当 24V 电源模块 G05、G15 出现电压突降或突升后，会导致 MUB 板输出到 COB 板的电源异常，MUB 板所带负载比较大，COB 板上有多种等级的电压（5V/12V 等）提供给 ARCnet 模块、CPU 模块等，而这些电压等级所允许的电压波动范围是不同的。当 COB 板电压波动达到个别模块低电压跳闸低限时，会发生两个通道的 ARCnet 模块出现重启的可能性，导致 CH ARCnet fault（工作通道通信故障）故障。

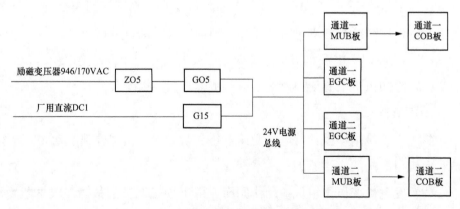

图 2-2　励磁调节柜通道供电方式

（三）暴露问题

（1）对导致通信故障的因素分析排查不全面，对电源模块因元器件老化导致励磁调节器故障未重视，未采取相应措施。

（2）备品备件储存不足。未根据现场设备实际需求储备备品备件，现有备件不全，在出现故障问题后，无备件更换。

（3）事故处理不到位。无有效手段约束厂家按照要求及时到达现场提供备件和技术支持，延误了事故分析及处理；厂家提供的试验项目所需时间与实际试验时间存在较大偏差，也未掌握试验所需时间，导致试验时间过长，影响了领导决策，延误机组并网。

（4）对重要电子部件的寿命管理不到位。厂家未明确电源模块、控制板等部件的使用寿命、更换周期；该电厂未掌握电子部件的使用寿命。

（5）对 UNITROL5000 型励磁调节器易出现的故障不了解。厂家未系统提供其他电厂同类型设备的故障信息，电厂也未通过厂家或其他渠道了解相关的故障信息，导致对设备存在的隐患不掌握，更无法采取有效措施。

（6）UNITROL5000 励磁调节器采用 ARCnet 总线通信方式，设计上无冗余、容错率低。当总线发生故障时，两个通道均无法工作，导致励磁调节器故障。

（四）处理及防范措施

（1）对 ARCnet 通信故障通道Ⅰ、Ⅱ的主控板（COB）、通道Ⅱ的 EGC 板、ARCnet 通信电缆及接口进行更换。

（2）为防止 24V 电源电压突降或突升对 ARCnet 通信造成影响，导致通信故障，对 24V 电源模块 G05、G15、测量单元板 MUB 进行更换。

（3）对通信链条上的 CIN 板、脉冲总线、LCP 及与通道Ⅱ的 ARCnet 同轴电缆、FBC 部件进行更换。

（4）用原 24V 电源模块作为整流柜风扇接触器线圈电源，与励磁调节器控制板电源分开，避免风扇控制回路对控制板电源产生干扰。

（5）利用检修机会，对 3 号机励磁系统Ⅰ通道的 COB 板进行更换、电源相关部件进行相关检查改造。

（6）将整流柜顶部阻容吸收回路的电容、电阻测量工作纳入检修标准项目计划，并严格执行。

（7）对 UNITROL5000 励磁设备开展深入培训，并对其他原理掌握不足和检修能力薄弱的设备开展针对性的培训。

（8）修订完善事故备品定额。根据现场情况，合理储备备品备件。

（9）根据厂家向用户提供设备各个部件的寿命周期清单，建立相关设备部件台账，确定合理的更换周期，储备必要的备品备件。

（10）督促 UNITROL5000 励磁设备厂家，深入分析故障原因，并书面反馈；及时向用户发布设备故障信息并提供防范和处理措施，该电厂做好学习和防范措施的落实。

（11）研究励磁调节器升级改造的方案，解决励磁调节器通信故障问题。

案例 2-2：山东某电厂 4 号发电机过电流保护误动事件

2012 年 2 月 29 日，山东某电厂 4 号发电机过电流保护动作，机组停运，相关情况如下：

（一）事件经过

2012 年 2 月 29 日 15：48，4 号机负荷 250MW，"4 号发电机正序过流动作"，"4 号发电机负序过流动作"信号发出，4 号发电机解列，汽机停机，锅炉灭火。

（二）原因分析

1. 保护动作原因

全面检查一次设备无异常现象。从 DCS 系统及发电机变压器组故障录波器调取机组跳闸时，发电机、主变压器、高厂用变压器的三相电流和电压正常、无异常变化。

检查 4 号发电机变压器组保护 A 柜无异常信号。

检查 4 号发电机变压器组保护 B 柜：REG316 保护装置上"发电机正序电流定时限""发电机正序电流反时限""发电机负序电流定时限""发电机负序电流反时限"动作指示灯亮。

观察 REG316 保护装置液晶显示：发电机 A 相二次电流在（0.26～9.62）A 之间变化，用钳形电流表测量发变组保护 B 柜发电机 TA 二次电流 A4031 无电流。

REG316 保护装置"发电机正、负序电流反时限动作"指示信号无法复归，持续动作。

用三相微机继电保护校验仪器分别从保护 B 屏电流接线端子排（A4031、B4031、C4031—N4031）对 REG316 保护装置通入三相电流，发现 A 相电流采样大范围波动，采样结果如表 2-1 所示。

表 2-1　　　　　　　　　　三 相 采 样 电 流

加入电流（A）	1	3	5
A 相显示电流	0.437～3.107	0.603～7.190	0.26～13.9
B 相显示电流	0.980	2.995	4.975
C 相显示电流	0.994	2.991	4.968

检查发电机变压器组保护 B 柜 REG316 保护装置 TA 二次回路直流电阻和绝缘电阻合格。

发电机正、负电流整定值为：正序电流定时限保护动作电流 4.3A、0.5s 报警；正序电流反时限保护启动电流 4.3A；负序电流定时限保护动作电流 0.25A、0.5s 报警；负序电流反时限保护启动电流 0.32A。

发电机正序电流动作时限为：5A 时、动作时间 58s；7A 时、动作时间 16.9s；8A 时、动作时间 11.7s。

发电机负序电流动作时限为：5A 时、动作时间 6s；7A 时、动作时间 3.07s；8A 时、动作时间 2.34s。

检查发电机变压器组故障录波器因发电机正、负序电流保护频繁动作一直保持启动状态。

4 号发电机变压器组保护 B 柜 ABB REG316 保护装置 A 相电流采样数据异常波动，工作不稳定，达到发电机正序、负序电流保护动作整定值，保护动作造成机组跳闸。

2. 发生原因

4 号发电机变压器组保护装置于 2001 年 4 月份投入运行，至今已有 11 年时间，接近微机保护装置寿命周期，长期带电工作，部分元器件老化，可靠性下降。

REG316 保护装置电流采样异常波动的原因：①A/D 模数转换环节异

常；②保护装置主板异常。

（三）暴露问题

对接近寿命周期保护装置存在的风险认识不足，认为该发电机变压器组保护装置长期以来一直运行稳定、未发生异常，没有引起足够的重视，没有及时报送改造计划，也没能制定针对性的维护措施。

（四）处理及防范措施

（1）将发电机变压器组保护 B 柜 REG316 保护装置退出，对其回路进行隔离，临时外加 RCS9028CN 保护装置投入运行。下发临时监视运行措施，在 3 月份 4 号机组大修前确保装置安全运行。

（2）利用 4 号机组大修机会将 4 号发电机变压器组保护装置进行改造，提高设备可靠性。结合机组大小修逐步对同类型 1、2、3 号发电机变压器组保护装置进行改造。

（3）加强对接近寿命周期的发电机变压器组保护装置运行监视检查，细化保护及运行人员日常定期检查项目、内容及周期，对保护装置电流、电压、差流及开关量变化和时钟进行检查，并做好记录，发现隐患及早处理，避免异常扩大。

（4）利用停机检修机会，对发电机变压器组保护装置进行采样校验、绝缘电阻、直流电阻测试工作，进行风险评估，查找存在的隐患，提出整改措施。

案例 2-3：广西某电厂 2 号机组发电机保护跳闸事件

2014 年 12 月 26 日 8：0：36，广西某电厂 2 号机组发电机发生保护跳闸事故，相关情况如下：

（一）事件经过

2014 年 12 月 26 日 8：0：36，广西某电厂 2 号机组负荷 620MW，发电机跳闸，汽轮机、锅炉联跳，首出"发电机跳闸"。

（二）原因分析

1. 保护动作原因

主变压器 C 相差动电流、制动电流突升至 10.78p.u.，突变时间只有 0.6ms。主变压器比率差动启动值为 0.42p.u.，第一段斜率为 30%，比率差动拐点 1 为 2p. u. ，第二段斜率为 60%，比率差动拐点 2 为 4.2p. u.，差动速断定值为 3.4p. u.，主变压器 C 相已达到比率差动、差动速断保护动作条件，保护出口于全停。

2. 发生原因

主变压器高、低压侧电流通道均出现高频次的尖峰波，属于采样畸变，采样板故障提供了"假象"故障电流，误判为差流。

（三）处理及防范措施

（1）利用机组检修机会对发电机变压器组保护保护装置的 CPU 板、采样板、电源板、I/O 板、后背板等进行采样检测，并做装置功能、出口传动试验（传动至连接片）。

（2）针对发电机变压器组保护 A 屏 C 相差流异常问题，增加运行设备巡检频次，开展发电机变压器组保护装置专项检查，发现异常及时分析处。

（3）因机组抢发电量无法停机，要求继电班每日早晚对发电机差流进行监测并记录，如差流有增大的趋势及时汇报。

（4）要求工程工作每日早晚对发电机底部 TA 进行巡检测温并记录。

（5）加强巡检，发现发电机 C 相电流异常（小于其他两相 10%）及时报告。

案例 2-4：贵州某电厂励磁系统故障造成系统解列事件

2018 年 5 月 30 日，贵州某电厂 3 号机组跳闸，首出"发电机变压器组故障"，相关情况如下：

（一）事件经过

2018 年 5 月 30 日，贵州某电厂 1、2、3 号机组运行，4 号机组停运。500kV 四串 5041/5042 断路器冷备用状态，3 号发电机变压器组通过 5043 断路器并网运行，3 号机组负荷 245MW，无功 0.64Mvar。

09:59，3 号机组跳闸，首出"发电机变压器组故障""发电机失磁""发电机断水"光字牌报警，检查各联动设备正常，厂用电切换正常。汽机 MCC2 段自动切换为 0.4kV 工作 3A 段供电，定冷泵 A 跳闸切为定冷泵 B 运行；励磁电流由 1239.09A 降至 824.15A；发电机无功由 0.64Mvar 降至 -415.69Mvar；定子三相电流 I_a 由 7174A 突升至 15788A；运行值班人员通知脱硫、电除尘、化学，联系维护处理。

10:05 汽轮机挂闸，维持转速 3000r/min。

11:47 维护查无明显异常，对 3 号发电机零起升压检查正常。12:10 申请中调同意，3 号机并网。

（二）原因分析

1. 保护动作原因

机组解列后，经现场检查，3 号机发电机变压器组保护柜失磁失步保护Ⅱ段、励磁系统故障（外部重动 3）动作出口、发电机断水保护（外部重动 2）动作报警，发电机励磁系统就地控制面板显示"146"报警信号。

（1）调阅 DCS 事故追忆记录和历史趋势曲线数据如下：

09:59:03 至 09:59:04 3 号发电机励磁系统先后 2 次发励磁故障总报警至 DCS。

09:59:06 至 09:59:14 发电机励磁电压由 214.86V 降至 0V，励磁电流由 1239A 逐步下降至 772A，后又上升至 824A 稳定。定子电流 I_a 由 7173.86A 升至 15788.45A，I_b 由 7281.43A 升至 15588.19A，I_c 由 7078.88 升至 15357.03A，发电机无功由 0.64Mvar 降至 −415.69Mvar 后又升至 −257Mvar，发电机有功从 245MW 降至 222MW 后又升至 262MW。

09:59:15，3 号机 DCS 电气光字牌"发电机失磁""发电机断水（外部重动 2）"光字牌报警，解列灭磁，跳 5043 断路器、灭磁断路器、厂用 6kV 630A/630B 及脱硫 6T30A 断路器，启动快切，6kV 厂用 3A/3B 段切至 02 号启备变带。3 号机定子冷却水泵 A 于 09:59:06 开始，电流由 34.28A 上升至 43.63A，09:59:14，机定子冷却水泵 A 跳闸，定子冷却水泵 B 联启正常，但由于 MCC 切换，电流于 09:59:16 恢复（39.91A），实际断水时间 2s。

09:59:23，3 号发电机变压器组励磁故障（外部重动 3）动作，向 DCS 发电机变压器组故障停机指令，联跳汽机、锅炉，机组全停。

09:59:34，3 号发电机励磁系统再次发励磁故障总报警。

（2）查阅发电机变压器组保护动作报文。

09:59:15（10:01:18:301），发电机失磁保护Ⅱ段动作，解列灭磁。

09:59:14 至 09:59:16（10:01:20:050 至 10:01:20:1750）：发电机断水

保护（外部重动2）发生变位，约2s后变位恢复。

09：59：23（10：01：27：275）：外部重动3（励磁系统故障）动作全停。

注：发电机变压器组保护与DCS时间相差约02：03s，已进行修正。

（3）调阅励磁系统事故记录。

机组在解列前，励磁系统A/B通道均出现141（＋Aux. AC fail）、146（＋Start-up blkd extrn）、−119（-Standby alarm）、1（COB power fail）、54（MUB fault/power fail）、110（＋System restart）等相同报文，表明励磁系统24V供电电源曾瞬间消失过。

2. 发生原因

电厂1～4号机组励磁系统采用ABB Unitrol 5000系统，Unitrol 5000系统励磁调节器A、B通道均由同一24V直流母线供电。24V直流母线线由双路电源同时供电，一路取自机组直流控制220V电源，一路经励磁变压器降压后通过开关电源对24V直流母线供电。3号机组励磁系统于2007年6月投入运行至今，运行情况良好，运行期间未进行过系统升级和改造。

（1）机组解列的原因。

机组解列前，DCS系统接收到励磁系统2次励磁故障总报警。查阅励磁系统历史记录，励磁装置A/B通道同时重启，因调节器失电，脉冲闭锁，导致发电机变压器组保护失磁Ⅱ段动作出口，解列灭磁。

进一步检查发现，励磁系统24V供电电源瞬间消失，造成2个通道COB、MUB板件瞬间失电，是导致励磁装置A/B通道同时重启的主要原因。经查阅图纸，怀疑励磁系统24V供电电源消失的原因存在如下可能：

1）设备供电电源模块老化，导致励磁系统24V母线电源高电平瞬间接地，拉低24V电压，导致2套励磁装置瞬间掉电重启。

2）ABB Unitrol 5000系统设计采用的是24V高电平输入有效，DCS系统采用的是48V低电平输入有效，不排除因励磁系统送DCS接点闭合或电缆绝缘老化导致励磁系统24V母线高电平电位瞬间被拉低，造成励磁装置重启。

（2）导致发电机断水保护报警的原因。

发电机励磁装置掉电重启过程中，励磁系统处于续流灭磁过程，机端电压持续下降，0.4kV 工作 3A 段母线电压降低，6kV 快切装置切换成功，其间 0.4kV 母线电压降低，导致定子冷却水泵 A 跳闸，定子冷却水泵 B 联启正常，实际断水时间约 2s，发断水保护告警（因断水保护定值延时 30s，所以断水保护未动作出口）。

（三）暴露问题

（1）原系统 24V 供电电源设计不合理，供电可靠性较差。

（2）设备长周期运行，电子元器件及线路绝缘老化，设备可靠性下降。

（3）励磁系统运维人员技术力量较为薄弱，人员技术培训工作有待加强。

（四）处理及防范措施

（1）因 3 号机组目前处于运行状态，无法针对上述可能造成励磁系统 24V 母线失电原因进行模拟排查，需待机组停机后一一排查才能确定最终原因。3 号机组励磁 24V 母线具体掉电原因未排查清楚运行期间制定和下发相关措施，加强设备运维工作，加强备品备件采购管理。

（2）利用机组停役机会，联系厂家技术人员，彻底查明 24V 供电电源瞬间消失的原因，对外部电缆绝缘情况进行检查，探讨 24V 供电电源双回路改造的可行性。对励磁系统设备进行检测，根据检测情况决定励磁系统是否进行升级，并逐步对老旧电源模块、板卡进行更换。

（3）对各设备时钟进行排查并进行修正，确保设备时钟统一，便于设备异常故障追溯。

（4）对热工 SOE 记录进行梳理，确保重要设备信号纳入 SOE 记录。

（5）针对此次事件及同类型电厂相关类似案例，结合机组检修，举一反三地开展其他机组排查。

案例 2-5：内蒙古某电厂 1 号机组打闸停机事件

2019 年 01 月 09 日，内蒙古某电厂运行人员按照定期工作要求，计划对 1 号机甲凝结泵电机进行绝缘测试时，DCS 界面发"乙凝结水泵跳闸"和"凝结泵变频器故障"报警，1 号机组打闸停机，相关情况如下：

（一）事件经过

2019 年 01 月 09 日前夜，内蒙古某电厂 1 号机组负荷 129MW，主再热汽压 13.4/2.5MPa，主再热汽温 536/539℃，凝汽器水位 681mm，除氧器水位 2023mm，乙凝结泵变频运行，甲凝结泵工频备用。运行人员按照定期工作（每月 9 日和 24 日，对备用高压电动机进行绝缘测试）的要求，计划对 1 号机甲凝结泵电机进行绝缘测试。

22：58 电气运行人员联系汽机运行人员将 1 号机甲、乙凝结泵"联锁备用"功能退出。

23：01 电气运行人员在执行电气倒闸操作票（编号：013051008809，操作任务：1 号机甲凝结泵电机 6105 断路器停电）后开始甲凝结泵电机进行绝缘测试。

23：06 DCS 界面发"乙凝结水泵跳闸"和"凝结泵变频器故障"报警。

23：07 汽机运行人员通过 DCS 远程操作乙凝结泵电机启动，未成功。

23：08 除氧器水位开始持续下降，运行操作降负荷运行。

23：08 对乙凝结泵进行"变频"转"工频"运行的操作，于 23：17：14 操作完成，乙凝结泵在 23：17：30 时"工频"启动运行。

23：17：18 1 号机除氧器水位 619.1mm。23：17：36 1 号机除氧器水位 579.1mm。23：17：53 1 号机除氧器水位 545.1mm，仍有下降趋势。1 号机负荷 112MW，主再热汽温 521/526℃，主再热汽压 12.8/2.1MPa。此时，锅炉汽包水位已无法维持，同时因除氧器水位 500mm 时，保护启动运行给水泵跳闸。为保证给水泵本体安全，尽量维持汽包水位，防止汽包严重缺水，23：17：16 1 号机组打闸停机。

（二）原因分析

（1）对变频器主控单元电流信号输入量采集元件——霍尔传感器进行耦合试验，发现电流采样不准［变频器"输出过流"的定值为 $1.5I_e$（57A），经检查变频器报过流时，电机电流未变化，分析为变频器霍尔传感器故障。实际给定电流 35A 时，"输出过流"保护出口］，确认霍尔传感器故障。

（2）通过耦合试验检查发现 A2 功率单元通信板故障，具体故障点需返回生产厂家进行检测。且依据现场变频器人机界面的"历史记录"中的记录数据看，"A2 系统通信故障"比"输出过流"晚报 70s，可以认为其为"次生故障"。

（3）变频器"输出过流"保护为"重故障"，当变频器运行中报"输出过流"故障时，变频器跳闸，乙凝结泵跳闸；当时正在进行"测试甲凝结泵电机及电缆绝缘"的定期工作，甲凝结泵断路器在"试验"位且测试前已将"联锁备用"功能解除，甲凝结泵未"联启"。

（4）因乙凝结泵是在"变频"运行状态下因变频器故障跳闸，需进行"变频"倒"工频"运行方式的切换操作。在操作过程中，由于乙凝结泵电机开关柜推进轨道局部变形，造成推进机构卡涩，关设备未及时送至工作位，从而导致操作时间较长，乙凝结泵未及时启动。

（5）两台凝结泵同时退备，原始负荷较高，而循环流化床锅炉降负荷速度慢，水位无法维持，根据电厂运行规程相关规定：凝结泵故障，备用泵不能投入时可不破坏真空故障停机。

（三）暴露问题

（1）凝结泵电机开关柜推进轨道局部变形，推进机构卡涩缺陷未及时发现处理，设备维护不到位。

（2）运行人员对变频器在发重故障—输出过流的情况下，必须进行故障复位后才能再次启动的要求不掌握。

（3）查阅变频器说明书可知，变频器输出主回路为中性点经电阻接地系统，原则上，对于该类系统在发生故障的情况下是不允许强制重新合闸的，但是运行人员却进行了操作，电厂员工培训不到位。

（四）处理及防范措施

（1）对甲乙凝结泵小车开关推进机构进行了调整，小车推进、拉出正常。

（2）对变频器进行相关性能试验，检查发现 A2 功率单元通信板故障，更换 A2 功率单元通信板后试验合格，投运正常。

（3）对霍尔传感器进行输入、输出电流试验。当一次给定电流 35A（I_e 为 38A）时，变频器"输出过流"保护出口动作（定值为 $1.5I_e$），试验不合格。更换霍尔传感器后试验合格，投运正常。

（4）编制凝结泵跳闸，备用泵未联启的预案，如何有效快速的降负荷，为事故处理争取时间。

（5）结合设备停电机会，对全厂各高压变频各元器件（功率单元、控制系统、变压器、UPS、冷却风机等）进行逐项试验、检查，提高检修工艺，提高设备的可靠性。

（6）检修时对 6kV 小车开关柜及开关设备进行检修，防止推进机构故障，保证开关设备操作灵活、正确。条件允许时进行更换。

（7）对运行规程中有关变频运行的高压辅机故障，备用电机未联启时的操作流程进行重新修编，禁止变频器报警跳闸后，故障未复位的情况下强行启动。

（8）加强运行人员规程学习，强化应急处理能力。

二、电容电阻元件损坏造成的保护误动或者设备烧损问题

案例 2-6：湖北某电厂 6 号机组励磁故障事件

2015 年 1 月 18 日，湖北某电厂 6 号机组跳闸，首出"励磁系统故障"，相关情况如下：

（一）事件经过

2015 年 1 月 18 日 11：57：41，湖北某电厂 6 号机组负荷 516MW，无功－24Mvar，励磁电流 3100A，6 号机组跳闸，首显"励磁系统故障"。检查故障录波启动，DCS 首显 6 号机组 AVR 过励限制器动作，后续依次发出 6 号机组励磁系统总报警、6 号机组 AVR 晶闸管熔丝熔断、6 号机 AVR 整流桥失效、6 号机组 AVR 过励限制器动作、6 号机组励磁跳闸、6 号机 AVR 整流桥失效、6 号机组励磁系统总报警、6 号机 AVR 切除信号、6 号机组 AVR 晶闸管熔丝熔断、6 号发电机变压器组保护 A 屏发电机失磁、6 号发电机变压器组保护 C 屏发电机失磁、6 号机组 AVR 过励限制器动作、6 号机组励磁系统总报警。

（二）原因分析

现场检查情况：停机后发现励磁系统 1 号整流柜下方 3 只阳极晶闸管的快熔熔断，下方三只晶闸管的散热片间有短路拉弧烧损痕迹，阻容吸收熔断器 A、C 两相熔断，元件烧损；2 号整流柜 3 相 6 只快熔全部熔断，下方三只晶闸管的散热片间有短路拉弧烧损痕迹，阻容吸收熔断器断 A、C 两相熔断，元件烧损；3 号整流柜阻容吸收器、二次板件受损；4、5 号整流柜受烟熏波及。

通过现场检查、报警记录、故障录波等数据分析，此次故障原因为整流柜内阻容吸收器性能下降或失效，换相过电压和尖峰电压无法被有效吸收抑制，晶闸管性重复击穿电压设计不足或性能下降，2号整流屏B相晶闸管在运行中换向时发生击穿导致2相短路，由于没有设置相间绝缘隔板，导致发展成3相短路，电弧喷发导致相邻1号柜短路。

由于晶闸管快速熔断器设置在直流侧，整流桥间无相间绝缘隔板，（变更设计取消了相间隔板）在起弧后极易发展为相间短路，且熔断器熔断后并不能切断故障点，导致此次故障扩大并引燃塑料风罩及电缆，大量烟气波及4、5号柜及灭磁柜。

（三）暴露问题

（1）2011年4号发电机励磁系统改为ABBUN5000自并励励磁系统，晶闸管间装设有相间隔板，设计单位擅自变更了设计，取消了相间隔板。6号机励磁系统自2007年投运直至2015年1月18日发生严重损毁期间，设备厂家也未进行任何隐患告知及改进建议，在用户隐患缺陷告知方面存在显著的失误。

（2）电厂人员未定期对设备内的电容器进行仔细的外观检查和常规测试，无法保证阻容吸收回路电容器正常工作。

（四）处理及防范措施

（1）更换整流柜内损坏的元器件及所有晶闸管整流桥并联阻容保护回路中的电容，并进行系统静态调试和动态试验。对励磁变压器进行外观检查及预防性试验，发电机转子进行膛内交流阻抗检测试验，检测转子有无受损。

（2）在机组停机后，对5号机组及其他机组设备内的电容器进行仔细的外观检查和常规测试，外观应无鼓胀、漏液、极柱无腐蚀断裂，电容量偏差不大于−15%，并尽可能进行标称额定电压下的泄漏电流（绝缘电阻）测试。阻容吸收回路还应检查电阻器外观、阻值和绝缘应无异常。对检查异常的应尽快更换，检查情况应详细记录入台账。将上述项目流入定期工作标准，在机组大小修时或每年1次，对柜内各电容进行检查测试。

（3）测量记录阻容吸收电容的工作温度，掌握设备中的主要电容器型号参数，实际工作温升，评估寿命，做好备品及检修准备。

（4）加强励磁室内温度巡检和控制，夏季室内温度不得超过30℃，冬季不得高于 25℃。

（5）加强上述设备的冷却风机、主要板件寿命管理，根据运行时间周期，做好备品及检修准备。

（6）联系设备厂家改进晶闸管间防护，增加难燃绝缘隔板，防止故障扩大。

（7）在设备寿命到期进行改造更换时，改进熔断器布置，将其布置在交流侧，并在相间设置绝缘隔板，可有效避免故障扩大。

案例 2-7：四川某电厂 3 号机组励磁跳闸事件

2014 年 10 月 1 日 10:04，四川某电厂 3 号机组发生励磁跳闸事故，相关情况如下：

（一）事件经过

2014 年 10 月 1 日 10:04，四川某电厂 3 号机组负荷 208MW，发变组保护 A、B 屏励磁变压器过流反时限保护动作，机组跳闸。

（二）原因分析

检查后发现励磁系统 1 号整流柜共阳极组三只晶闸管的快熔熔断，且这三只晶闸管的阴极之间有短路拉弧烧损痕迹，阻容元件阴阳极跨接线全烧断；2 号整流柜共阳极组 A、B 相快熔全部熔断；3 号整流柜共阳极组 A 相快熔熔断；1 号、2 号整流柜内下部的电缆烧损；测量 1 号整流屏共阳极－A、－B 支臂的电容值（标称容值 0.5uF）分别为 1.0nF、1.5nF，已失效，－C 支臂的电容被击穿。分析认为 1 号整流屏共阳极 A、B 支臂电容失效，导致晶闸管两端换相过电压和尖峰电压无法被有效吸收而逐步降低晶闸管反向承受电压能力，最终使 A、B 相经共阴极组铜排而发生交流侧母线短路；此外 1 号整流屏共阳极 C 支臂电容被击穿，使并联阻容回路阻抗大幅下降，串联电阻承受大电流发热，最终可将阴阳极间的跨接线烧断、拉弧，引发交流侧母线短路，并导致励磁变压器过流反时限保护动作。

（三）处理及防范措施

（1）利用机组停运机会对其他机组励磁整流柜内电容等元器件进行检查、试验，发现异常应立即进行处理。

（2）对励磁系统的地网进行测量，做好地网的检查维护工作可大大的减少拉弧的发生。

（3）认真学习《防止电力生产重大事故的二十五项重点要求》（国能安全〔2014〕161 号）中"11 防止发电机励磁系统事故"严格反措要求按照要求检查励磁性能。对励磁系统进行全面排查，利用检修机会对励磁系统进行测试。

（4）加强励磁系统巡检，发现异常及时报告。

案例 2-8：某电厂 UPS 输出滤波电容击穿事件

某电厂某日 1 号机组 UPS 输出电压多次突降为 0 后又恢复正常，相关情况如下：

（一）事件经过

某日 3：50 左右，某 1 号机组停机状态，机组 UPS 接带锅炉 DCS、汽机 DCS、继电器间变送器等电源。UPS 输出电压多次突降为 0 后又恢复正常，故障持续至 4：03 后 UPS 故障消失，输出电压稳定。下午 14：35，相同的故障再次发生，因无法判断故障原因，将 UPS 切换至手动旁路运行，主机柜停运。

（二）原因分析

检查报文 UPS 电压突变的原因为输出电压超出正常范围，导致主板关机。因 UPS 内部设置为上电自动开机，因此主板关机后 UPS 又重新启动，启动后重复电压输出超限，UPS 自动关机。查看所有报文，发现 UPS 在电压输出超限后有切旁路的过程，由于切换至旁路后仍然输出超限，UPS 又重新关机。因此初步判断为 UPS 输出回路有问题。

将 UPS 关机断开所有负荷，检查 UPS 输出至负荷进线断路器绝缘均正常。检查 UPS 内部回路正常。重新启动 UPS，UPS 主路电源、直流电源、旁路电源切换正常。判断 UPS 内部回路正常，重点检查 UPS 输出部分。最终发现 UPS 总输出滤波电容有液体流出。将 UPS 输出滤波电容拆下后，经检查有 9 块（总 24 块）电容击穿，因此判断 UPS 输出电容故障导致频其频繁关机重启如图 2-3 所示。

（三）暴露问题

检查击穿的 9 块电容，电容值与标称值 $110\mu F$ 有很大差别，个别电容甚至为 0。因输出滤波电容主要用于过滤 UPS 整流逆变后谐波、所接带负荷产生的谐波，以及缓冲输出负荷变化时导致的电压波动。UPS 输出负荷的波动及电容老化等导致上述问题的发生。

图 2-3　UPS 输出滤波电容

（四）处理及防范措施

（1）针对此机组 UPS 电容击穿的问题，立即联系厂家安排相同型号新的电容，计划将同型号 UPS 所有输出滤波电容全部更换。

（2）定期检查 UPS 输出电压的直流分量，以及早发现并消除此类故障的发生。

第二节　工作电源问题

作为继电保护的重要组成部分，工作电源的稳定对继电保护的正常运行至关重要，本节阐述了实际运行中的继电保护用工作电源发生的一些典型案例，提出工作电源异常所需要的防治措施。

一、逆变稳压电源导致保护误动或拒动的问题

案例 2-9：内蒙古某电厂 1 号机组 DEH 失电事件

2019 年 6 月 21 日，内蒙古某电厂 1 号机组 UPS 故障导致 DEH 电源失电，汽轮机主汽门关闭，发电机逆功率保护动作机组非停，相关情况如下：

（一）事件经过

2019 年 6 月 21 日，事件前机组主要参数：1 号机组负荷 130MW，主汽流量 448.8t/h，主汽温度 537.8℃，主汽压力 13.52MPa，主给水流量

426.2t/h，调节级压力 9.99MPa。

14:54:23，1号机组热工 DCS 系统发"UPS 过载""ETS 主电源失电报警""TSI 主电源失电报警信号""TSI 电源丧失"报警信号。

14:54:27，1号机组热工 DCS 发"UPS 过载 OFF""ETS 主电源失电报警 OFF""TSI 电源丧失 OFF""TSI 主电源失电报警信号 OFF"报警信号。

14:54:42，1号机组热工 DCS 发"发电机变压器组保护 A 柜逆功率 t_1 保护信号"报警信号。

14:55:28，1号机组热工 DCS 发"DEH 遮断""OPC 动作""汽机跳闸"报警。1号机组发生跳闸，发电机与系统解列。

（二）原因分析

1. 保护动作原因

6月21日 14:54:23，1号机组 UPS 系统故障，报"UPS 过载"信号，根据 UPS 厂家说明书及投运时的切换试验，UPS 过载应转到旁路直到过载消失后自动转回逆变器。但调阅 UPS 报警记录信息，UPS 故障后切旁路失败。14:54:27，1号机组 DCS 发"UPS 过载 OFF"报警，UPS 装置过载消失后自动转回逆变器恢复主回路供电。14:54:23～14:54:27 期间，4s 时间段内 UPS 装置无输出电压，造成 UPS 所有负载失电。

UPS 负载失电后，ETS、TSI 系统电源由 UPS 电源供电自动切换至 380V PC 段备用电源运行。DEH 系统两路电源均取自 UPS 装置供电，UPS 系统故障造成 DEH 装置两路电源同时失电。4s 后 DEH 装置控制系统上电重启时，DEH 控制系统所有指令复归，1号机组主汽调门电磁阀采用直流电源供电，电磁阀未失去电源，造成 1号机组主汽调门因 DEH 控制系统失电导致关主汽调门指令复归，1号机组主汽调门全部关闭。1号机组主汽调门关闭后，过热器出口集箱主汽压力高大于 14.2MPa，对空排气门打开。

6月21日 14:55:42，1号机组热工 DCS 系统发"DEH 遮断""OPC 动作""汽机跳闸"报警。ETS 停机首出"DEH 故障停机"，汽轮器跳闸。1号机组发电机变压器组保护 C 柜收到"发电机热工"跳闸信号动作于全停，保护出口跳 1号发电机变压器组出线 201 断路器，1号机组与系统解列。

2. 发生原因

（1）检查 1 号机组 UPS 装置报警记录，6 月 21 日 14：53：13 UPS 装置控制面板显示"transf：Fault"，UPS 装置厂家说明，该报警为 UPS 装置逆变器故障，如图 2-4 所示。UPS 系统工作原理如图 2-5 所示，UPS 正常运行时，整流器把输入交流电变换为稳定的直流，整流器兼充电器功能，采用均流充电，能够有效提高蓄电池使用寿命；逆变器采用大功率绝缘栅双极型晶体管（IGBT），控制采用脉宽调制（SPWM）技术，把直流逆变回交流，整流器和逆变器同时工作，给负载供电的同时，还会对蓄电池充电，当市电异常时，整流器停止工作，转由蓄电池（外接直流）经逆变器向负载供电，若电池电压下降到放电终止电压，而市电仍未恢复正常，UPS 将转由旁路供电（如果主路、旁路同源，UPS 关机）。

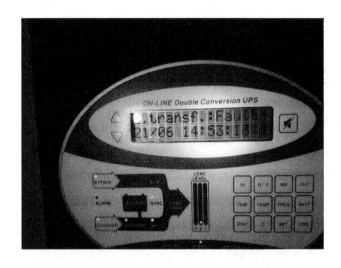

图 2-4　1 号机组 UPS 装置报警信息（核对到 DCS 时间应为 14：54：23）

6 月 21 日 14：54：23，1 号机组 DCS 报警为"UPS 过载"。经检查故障时 1 号机组 UPS 主输入电源未发生异常，UPS 装置说明书对 UPS 在运行中出现问题，液晶屏上故障信息说明：transf：Fault 报警为逆变器故障，逆变器故障时 UPS 直接切旁路运行，调取 DCS 报警信息未收到切旁路运行信号，判断为主路切旁路过程切换失败，故障时 UPS 装置无输出电源，造成 UPS 装置所带负载失电。14：54：27，1 号机组 DCS 发"UPS 过载 OFF"报警信号，UPS 装置报警消失，自动恢复主电源回路供电。

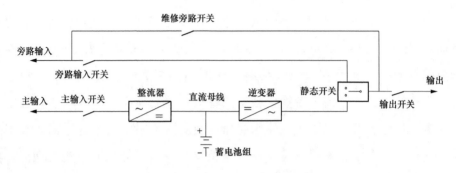

图 2-5　UPS 系统工作原理图

6 月 22 日 UPS 厂家人员到厂，对 UPS 装置进行现场检查及切换试验（此时，UPS 装置空载运行，所有负荷已切至维修旁路），试验合格，未发现明显异常。随后将 UPS 装置切换至主回路空载运行时，在 14：31、17：48，先后发生两次空载运行中主、旁路自动切换故障。厂家更换逆变器及 UPS 控制系统后进行监测，未再次发生主、旁路自动切换故障情况。原装置内 UPS 逆变器及主控系统已返回厂家进行检测，要求厂家检测完成后出具相关检测报告。

（2）调阅 DEH 系统汽轮机转速模拟量曲线发现 14：50：50～14：50：58（核对到 DCS 操作员站时间为 14：54：27～14：54：35）曲线数据突变为零，同时 1 号机组 DEH 操作员站画面当时数据变红，无法进行操作，判断 DEH 系统控制器失电。DEH 系统控制器失电时，汽轮机调速汽门反馈曲线突变为零，其他曲线恢复时，调速汽门反馈曲线仍为零，判断汽轮机调速汽门关闭。经检查发现 DEH 系统两路电源均取自 UPS 装置，分别给 DEH 主、辅控制器供电，DEH 系统两路电源取自 UPS 装置。

查阅"DEH 故障遮断"逻辑图情况，满足下列条件之一，输出汽机遮断信号：

1）解列信号触发与系统转速故障触发导致汽机遮断。

2）硬手操"手动遮断"按钮触发导致汽机遮断。

3）110%超速信号触发导致汽机遮断。

4）ETS 遮断信号至 DEH 系统信号触发导致汽机遮断。

5) 启动前阀门校验造成转速超过100r/min导致汽机遮断。

6) 高压保安油建立信号取反输出为1导致汽机遮断。

（3）1号机组发电机变压器组故障录波器记录，1号机组201断路器跳闸原因为"发电机热工"保护动作出口全停，发电机变压器组保护C柜收到热工跳汽轮机信号后联跳发电机保护（汽机动作跳电气联锁回路）。

发电机变压器组保护C柜报警记录如图2-6（核对到DCS操作员站时间应为14:55:28）所示。

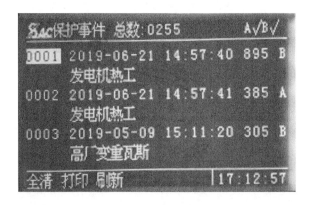

图2-6　1号机组发电机变压器组保护C柜报警记录

1号机组发电机变压器组保护A、B柜"发电机逆功率保护t1"保护启动，根据故障录波图、发电机变压器组保护故障记录及1号机组发变组保护定值，1号机组"发电机逆功率保护t1"功率整定值为−5W，动作时限1.5s发报警信号，动作时限60s发跳闸信号动作于全停，发电机逆功率保护未达到跳闸时限，发电机解列后报警信号自动复归。

（4）6月21日14:54:23，UPS主路故障后未能及时切至旁路运行。分析原因UPS逆变器工作不稳定，信号采集板采集的逆变器波形信号，出现异常，逆变器瞬时停止工作，而主板未能及时判断出逆变器运行状态，默认主路运行，因此未切至旁路，造成负载瞬时全部失电。

6月22日，UPS装置切换至主回路空载运行时，在14:31、17:48，先后发生两次空载运行中主、旁路自动切换故障。厂家更换逆变器及UPS控制系统后进行监测，未出现主、旁路自动切换故障情况。判断为UPS装置逆变器故障，分析可能出现逆变器故障原因如下：

1）逆变器大功率绝缘栅双极型晶体管（IGBT）模块性能不稳定，造成触发波形出现异常。

2）UPS控制系统存在缺陷，因厂家更换逆变器及UPS控制系统后，未出现主、旁路自动切换故障情况。

3）UPS逆变器故障后未能及时切至旁路运行。

1号机组DEH系统两路电源均由1号机组UPS装置供电，两路电源分别给DEH主、辅控制器及卡件供电。电厂单机容量为150MW，设计规范要求200MW及以上单机容量设置柴油发电机系统及事故保安电源系统，DEH系统另一路电源无法从事故保安电源系统选取，分析为电厂基建初期设计时未考虑DEH控制系统电源稳定性，设计为DEH系统双电源由同一台机组UPS两路供电。1号机组UPS发生故障后所带负荷均失电，造成1号机组DEH系统主、辅电源同时失电。

1号机组ETS首出"DEH故障停机"报警信号，原因为：由于DEH装置控制系统失电4s后，UPS电源自动恢复，DEH系统控制器及卡件重新上电，开始系统重启（约70s），DEH系统控制器上电过程中数据初始化，信号置零，分析判断为："高压保安油建立信号"在初始化过程中由1变为0，根据"DEH故障遮断"SAMA图逻辑说明，满足"汽机遮断"条件，输出脉冲信号2s，DEH系统输出"DEH故障停机"信号至ETS系统，汽轮机跳闸。

1号机组DEH装置控制系统失电后，DEH控制系统所有指令复归，1号机组主汽调门电磁阀采用直流电源供电，电磁阀未失去电源，造成1号机组主汽调门因DEH控制系统失电导致关主汽调门指令复归，1号机组主汽调门全部关闭。此时发电机失去原动力从电网吸收有功功率，引起发变组保护A、B柜逆功率t1（1.5s）保护发报警信号。"发电机逆功率保护t1"功率整定值为-5W，动作时限1.5s发报警信号，动作时限60s发跳闸信号动作于全停，发电机逆功率保护未达到跳闸时限，发动机解列后报警信号自动复归。

（三）暴露问题

（1）1号机组UPS发生故障后，厂家来现场进行1号机组UPS装置切换至主回路空载运行时，在6月22日14：31、17：48，先后发生两次空载运行中主、旁路自动切换故障。厂家更换逆变器及UPS控制系统后进行监测，未出现主、旁路自动切换故障情况。判断为UPS装置逆变器故障，UPS逆变器存在产品质量问题，UPS装置故障失电引起DEH系统主、辅电源失电是本次非停事件的直接原因。

（2）1号机组DEH系统未合理配置双电源供电方式，双电源均取自1号机组UPS装置，且分别给DEH主、辅控制系统供电，电厂单机容量为150MW，设计规范要求200MW及以上单机容量设置柴油发电机系统及事故保安电源系统，DEH系统另一路电源无法从事故保安电源系统选取，应从1号机组PC段选取另一路电源供电，提高DEH供电可靠性。1号机组DEH系统电源配置不合理是本次事故发生的主要原因。

（3）电厂2015年安装了GPS对时系统，GPS对时系统后期没有及时进行维护，造成电气电子间内的发变组保护装置、故障录波器等保护及自动装置对时不同步，热工电子间DCS系统、DEH系统、SOE系统等对时不同步，对现场事故应急处理、原因分析造成困难。

（4）1号机组UPS装置升级改造后质量验收不到位，升级改造后按照GB/T 7260.3—2003《不间断电源设备（UPS）第3部分 确定性能的方法和试验要求》进行相关现场试验检验，但未发现UPS设备存在质量隐患。

（四）处理及防范措施

（1）1号机组UPS装置切至旁路运行，并做好防止自动切回主路运行措施。要求UPS厂家到厂进行处理，厂家技术人员于6月22日早到厂开展检查工作，更换1号机组UPS装置主控系统及逆变器装置。

（2）1号机组UPS装置所带全部负荷电源切换至备用电源供电，备用电源由机组380V PC供电。

（3）更换1号机组UPS装置主控系统及逆变器装置后，对1号机组UPS装置进行全面性能检测，对2号机组UPS装置同时进行全面性能检测。

（4）利用机组检修，将1、2号机组DEH供电电源由UPS系统取双路电源改为一路电源取自 UPS,另一路电源取自 380V PC 段电源供电,保证 DEH 系统可靠供电。

(5)对全厂 GPS 对时系统进行整体排查,完善全厂电气保护及自动装置与热工系统的对时功能。

二、直流及 UPS 供电电源不稳或丢失造成事故的问题

案例 2-10:黑龙江某电厂 2 号机组 AST 误动事件

2018 年 9 月 19 日,黑龙江某电厂进行直流润滑油泵启动试验过程中 2 号机组跳闸,相关情况如下:

(一)事件经过

2018 年 9 月 19 日 17:36,2 号机组有功功率 226MW,无功功率 55.6Mvar,各部运行参数正常。两台机组 220V 直流母线由本机蓄电池组与充电机供电运行,两段直流母线互为备用。220V 直流母线电压 231.6V(额定 220V±5%)。集控运行五班,三值班进行直流润滑油泵启动试验过程中 2 号机组跳闸,MFT 首出"汽轮机跳闸",发电机变压器组保护 C 屏显示"热工保护动作",ETS 跳闸首出"发电机变压器组 C 屏故障"。直流母线电压由 231.6V 瞬间降至 −75V(直流电压变送器电源电压降至 50V 后变送器无输出)。

(二)原因分析

1. 保护动作原因

220V 直流系统:每台机组设置一段 220V 直流母线,均为单母线接线方式,两段母线可相互联络、相互备用,每段直流母线上带有一组蓄电池和一套充电装置。每组蓄电池共 103 只 GFM(Z)-1500Ah 铅酸蓄电池,充电装置选用 JZ-22020B 高频电源模块,额定输出电流为 $12 \times 20A$。蓄电池和充电装置并列运行。充电装置除供给正常的负荷电流外,以小电流向蓄电池浮充,蓄电池作为冲击负荷和事故情况的供给电源(直流母线图见图 2-7)。

直流润滑油泵电机型号,Z2-72L3;容量,40kW;额定电流,210A;额定电压,DC220V;启动电流,$2 \sim 2.5$ 倍额定电流;运行中实际电流:$102 \sim 180A$。

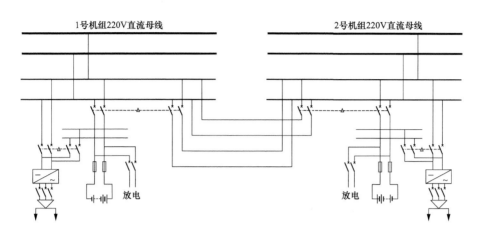

图 2-7 220V 直流母线图

现场检查 220V 直流蓄电池巡检仪 25 号电池单体电压显示 0V，就地实测单体电压 17V。经和厂家沟通后，判断该电池故障，电池内阻增大或内部断路，导致 25 号电池分压增大到 17V，单体电池电压超量程后显示错误（见图 2-8）。蓄电池组整体内阻增大或内部断路后，将导致输出电流降低或无法输出电流。

单只电池电压

001# 02.27V	013# 02.22V	025# 00.00V
002# 02.21V	014# 02.22V	026# 02.18V
003# 02.32V	015# 02.22V	027# 02.23V
004# 02.21V	016# 02.24V	028# 02.21V
005# 02.23V	017# 02.27V	029# 02.22V
006# 02.31V	018# 02.33V	030# 02.18V
007# 02.30V	019# 02.30V	031# 02.23V

图 2-8 故障时 25 号电池单体电压显示画面

20：11，更换 25 号蓄电池后，启动直流润滑油泵试验，直流母线电压由 243V 最低降至 226V，电压波动在允许范围内。20：41，2 号机组与系统并列。经试验证明，在直流油泵启动过程中，直流电压明显下降，直流充电模块输出电流无法满足直流油泵启动，需要蓄电池提供启动电流。如直流油泵启动过程，蓄电池无法提供启动电流，将导致直流母线进一步下降，进而AST 电磁阀误动。

现场检查 AST 电磁阀控制直流为双路电源,电源均取自 220V 动力直流母线,不满足直流系统——对应要求。AST 电磁阀双路控制直流应分别取自两台机组的动力直流母线。

现场检查了蓄电池历年的核容试验报告,未发现 25 号蓄电池异常,但蓄电池容量不足。

2. 发生原因

蓄电池容量不足,未及时更换蓄电池组。2 号机组 220V 蓄电池充放电试验放电 7h 后降至放电仪设定值 190V 放电自动停止,未达到 10h 放电标准,电池容量呈下降趋势,存在个别单体电池内阻增大,性能下降情况。

直流润滑油泵启动电流较大,瞬时大电流输出导致 25 号蓄电池内部故障。蓄电池组由 103 只单体电池串联方式连接,25 号蓄电池内部故障直流回路断路或内阻增大,蓄电池组无电流输出或输出电流很小,220V 直流母线电压瞬时下降。

AST 电磁阀控制电源为直流电源,AST 电磁阀由于直流母线电压下降误动作。机组运行时 AST 电磁阀带电励磁,直流母线电压降低 AST 电磁阀失电失磁关闭主汽门,联跳锅炉、发电机。

(三)暴露问题

(1)设备管理不到位。蓄电池容量下降没有采取有效手段检验单体蓄电池性能,未能发现 25 号蓄电池存在的隐患。

(2)隐患排查不彻底。AST 电磁阀两路电源均由本机 220V 直流母线供电,存在单一电源供电隐患。

(3)风险管控意识薄弱。在蓄电池性能下降的工况下,启动大直流负荷时,没有采取有效防范措施。

(4)监督管理不到位。对 220V 直流蓄电池存在的安全隐患,各级管理人员未认真履行监督管理职责。

(四)处理及防范措施

(1)进行全厂 110V、220V 直流系统单体电池性能测试,在线检测蓄电池内阻,记录分析蓄电池性能,不合格电池及时进行更换。对每日巡视检查

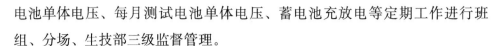

电池单体电压、每月测试电池单体电压、蓄电池充放电等定期工作进行班组、分场、生技部三级监督管理。

（2）将 AST 电磁阀两路电源由本机单一直流母线供电改为两台机组两条直流母线供电。对机组保护可能存在的单点、单电源情况进行排查、整改。

（3）将 2 号机组 220V 直流负荷倒至 1 号机组直流系统代运行，进行 2 号机组电池检测，充放电容量校核。

（4）各级管理人员进行技术技能培训，提高设备管理、隐患排查、风险管控能力。

案例 2-11：辽宁某电厂 1 号机组蓄电池故障事件

2018 年 12 月 19 日辽宁某电厂进行定期试验试转直流油泵，直流电压低，1 号机组跳闸，相关情况如下：

（一）事件经过

2018 年 12 月 19 日 09 时 58 分，1 号机组负荷 181MW，主蒸汽压力 12.58MPa，主蒸汽温度 538℃，总煤量 126t/h，真空－95.9kPa，机、炉各主机设备运行正常。

9:58，进行定期试验，试转直流油泵，直流电压低，1 号机组跳闸，主汽门关闭，1 号发电机与系统解列，MFT 首出"发电机故障"，发电机变压器组保护 C 屏显示"热工保护动作"，ETS 跳闸首出"发电机变压器组 C 屏故障"。

值长指挥 1 号机组紧急停机。

（二）原因分析

1. 保护动作原因

220V 直流系统：每台机组设置一段 220V 直流母线，均为单母线接线方式，两段母线可相互联络、相互备用，每段直流母线上带有一组蓄电池和一套充电装置。每组蓄电池共 104 只铅酸蓄电池，充电装置选用高频电源模块，额定输出电流为 12×20A。蓄电池和充电装置并列运行。充电装置除供给正常的负荷电流外，以小电流向蓄电池浮充，蓄电池作为冲击负荷和事故情况的供给电源（直流母线图见图 2-9）。

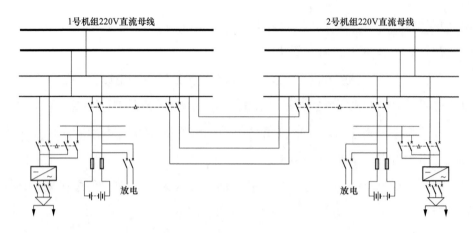

图 2-9　220V 直流母线图

直流润滑油泵电机容量：40kW，额定电流：210A，额定电压：DC 220V，启动电流：2～2.5 倍额定电流，运行中实际电流：102～180A。

（1）现场发电机变压器组保护装置，发电机变压器组保护 C 柜显示为"发电机热工 t_2"保护动作，其他电气量保护均未显示动作，判断为热工保护动作。

（2）检查热工系统动作记录，显示由于直流电压降低，导致 AST 电磁阀失电，进而 ETS 动作。

（3）检查 220V 直流系统，直流整流模块无异常，直流配电屏柜无异常，直流蓄电池表面无异常（见图 2-10）。

图 2-10　直流系统外观检查情况

（4）检查直流油泵电机绝缘，直流油泵电机进行绝缘电阻检测，测试结果合格，排查直流电机故障。

（5）现场检查 220V 直流蓄电池每节电池电压，发现一节电池就地实测单体电压 0V。经和厂家沟通后，判断该电池故障，电池内阻增大或内部断路。蓄电池组整体内阻增大或内部断路后，将导致输出电流降低或无法输出电流。

（6）现场检查 AST 电磁阀控制直流为双路电源，电源均取自 220V 动力直流母线，不满足直流系统一一对应要求。AST 电磁阀双路控制直流应分别取自两台机组的动力直流母线。

（7）现场检查了蓄电池历年的核容试验报告，未发现蓄电池异常，但蓄电池容量不足。

2. 发生原因

启动直流油泵时，启动电流过大，造成蓄电池内部断路，蓄电池组容量不足。ETS 装置两路 220V 直流设计为取自同一单元机组，异常发生时两路直流电压同时下降。

AST 电磁阀失电导致热工保护动作，进而引发机组跳闸。

（三）暴露问题

（1）设备管理不到位。蓄电池容量下降没有采取有效手段检验单体蓄电池性能，未能发现蓄电池存在的隐患。未见直流及蓄电池隐患自查报告。

（2）隐患整改不彻底。AST 电磁阀两路电源均由本机 220V 直流母线供电，存在单一电源供电隐患。蓄电池未装设蓄电池巡检仪。

（3）风险管控意识薄弱。在蓄电池性能下降的工况下，启动大直流负荷时，没有采取有效防范措施。

（四）处理及防范措施

（1）进行全厂 110V、220V 直流系统单体电池性能测试，在线检测蓄电池内阻，记录分析蓄电池性能，不合格电池及时进行更换，补充蓄电池巡检仪设备。

（2）将 AST 电磁阀两路电源由本机单一直流母线供电改为两台机组两条直流母线供电。对机组保护可能存在的单点、单电源情况进行排查、整改。

（3）将1号机组220V直流负荷倒至2号机组直流系统代运行，进行1号机组电池检测，充放电容量校核。每年定期完成蓄电池充发电试验。

（4）进行设备升级，及时更换故障录波器，升级ECS系统。

（5）各级管理人员进行技术技能培训，提高设备管理、隐患排查、风险管控能力。

案例2-12：辽宁某电厂1号机组跳闸事件

2016年2月29日，辽宁某电厂启动直流油泵时，1号机组高低压辅机跳闸，6kV、380V厂用系统失电，相关情况如下：

（一）事件经过

2016年2月29日13:25，1号机组负荷94MW，主汽压力11.6MPa，主汽温度530℃，发电机电压15.35kV，定子电流A相3548A、B相3496A、C相3549A，2号给水泵运行，1号给水泵备用。

13:25因汽机2016年02月27日《1号机2号给水泵润滑油冷油器反冲洗》工作票作业，执行工作票措施。

13:39:52启动1号机组1号给水泵，合闸后单元室照明消失、DCS失电、机组跳闸。合操作台上直流油泵启动断路器，就地检查直流油泵未启动。值班员在就地直流油泵操作柜上启动直流油泵，发现操作盘失电，联系电气值班员处理。检查1号机组高低压辅机均跳闸，6kV、380V厂用系统失电。

13:40检查1号机保护为热工保护动作、逆功率信号报警。

13:45因DCS失电，手动破坏真空，做停机相关措施，就地检查各加热器水位、各辅机状态，就地手动调整各加热器水位至正常。

13:54转子静止，停止轴封供汽，做闷缸措施。

13:55将2号机至1号机直流联络断路器投入，恢复1号机组直流电源，直流油泵联起，润滑油压恢复正常。

14:09 1号机380V厂用PCA段由1号低备变恢复送电，DCS系统恢复电源，启动交流润滑油泵，停止直流润滑油泵运行，润滑油压力0.13MPa，启动1号顶轴油泵，油压12.4MPa，就地电动盘车投不上，联系设备部手动盘车。

14:20 逐步将 1 号机 380V 厂用 PCB 段由 1 号低备变送电、6kV 厂用 IA、IB 段由启备变送电及 380V 公用 PCA、B 段由 1 号低备变送电。

14:29 在汽轮机大轴做好标记开始手动盘车 180°，逐步恢复跳闸辅机以及热力系统。

（二）原因分析

1. 保护动作原因

13:39:53 因 1 号机组直流系统失电，机组 AST 压器电磁阀失电，汽机跳闸，1 号机热工保护动作，但因操作直流电源消失，1 号主变压器 2201 断路器、211、212、411、412 灭磁断路器均未跳闸，发电机变电动机运行，发电机变压器组保护 A、B 柜均出现逆功率 t_1 动作发信报警。

13:39:58 6kV 厂用系统电压恢复至 6.1kV，380V 系统电源电压恢复至 390V，1 号机组直流系统充电装置自动投运，直流母线电压恢复。此时，1 号发动机变压器组保护 C 柜的热工保护动作信号一直发出跳闸指令，在直流系统电压恢复的瞬间，1 号主变压器 2201 断路器、211、212、411、412 断路器、灭磁断路器均跳闸，1 号机组全停。在 411、412 断路器跳闸时，因快切装置已因之前直流失电闭锁，造成快切装置不能进行切换，6kV 厂用 IA、IB 段母线同时失压，6kV 各负荷断路器低电压保护动作跳闸、380V 厂用系统 IA、IB 段母线失压，造成 DCS 失电、直流系统的两路交流电源失电，导致直流母线第二次失压，380V 厂用 BZT 装置无法动作，低压母线失电。

13:55 手动投入 1 号、2 号机组直流电源联络断路器，恢复 1 号机组直流系统负荷正常使用，逐步投运 6kV、380V 厂用系统所属设备。

2. 发生原因

13:39:52 1 号机 1 号给水泵启动过程中，6kV 厂用母线电压由 6.12kV 降至 5.5kV，380V 厂用电压随之下降，最低值降至 337V（DCS 采集周期间隔为 1 次/s，实际电压可能低于该数值）。

1 号机组直流系统正常运行方式为两路交流电源供电，蓄电池组浮充运行。2 月 4 日 1 号机组直流系统接地报警，经现场检查确认 1 号机组直流蓄电池组内部发生接地故障，做试验不合格，已经不具备运行条件，退出运行。直流电源屏两路交流电源分别取自 380V 厂用 PCIA、IB 段，而故障时 380V 交流电源电压不在充电模块的允许工作电压范围内，后与厂家联系了解到充电模块在超出允许工作电压范围（323～475V）会闭锁充电模块输出（事故后于 3 月 1 日做模拟试验，已验证在 323V 时该充电装置因电压低而停止输出，在电压升至 365V 时充电装置自动投入），超出此范围将造成 1 号机组直流系统交流充电装置停止输出，导致直流母线电压消失，造成 1 号机组所有直流负荷全部停电。

（三）暴露问题

（1）针对以上情况分析，在之前轮换给水泵的过程中，未出现类似事故，是因为直流系统两路交流电源电压较低时，即使出现充电模块停止输出情况，也能由蓄电池组短时对直流母线充电，不会出现因直流母线失压造成 AST 电磁阀及其他直流负荷失电的情况。

（2）2015 年 5 月份 1 号机组大修期间做试验不合格，2016 年 2 月份直流蓄电池组出现内部接地故障后，已经不具备运行条件，退出运行。厂家说明书阐述充电装置工作电压范围（323～475V），事故发生后与厂家联系确认高频断路器工作电压超出范围后会闭锁充电装置输出，但是在蓄电池组退出运行后，对于在启动大容量设备，造成母线电压低，从而影响到直流充电模块闭锁输出的危害认识不足。

（四）处理及防范措施

（1）在 1 号机组检修期间，更换 1 号机组直流系统的 103 只单体蓄电池组，在机组重新启动前，恢复蓄电池组运行。

（2）蓄电池组投产至今运行 10 年，2015 年已提出技改项目，蓄电池组更换项目尽早实施。

（3）2～4 号机组蓄电池也存在性能下降问题，在启动大功率设备时，加强监视厂用母线电压情况，及时作出调整并做好事故预想。

案例 2-13：某电厂蓄电池无法正常供电致 DCS 失电事件

2018 年某日，某电厂接调度通知，7：00 至 22：00 机组需孤网运行，将厂用电源由外接电源转至发电机电源供电。12：25，厂用电消失，DCS 系统失电，相关情况如下：

（一）事件经过

5:31:20，厂用电成功由外接电切至发电机出口供电，机组负荷2.2MW，主蒸汽压力 6.4MPa，温度 531.2℃。

12:25:08，汽机监盘员发现转速下降较快，通过 DEH 操作盘给定阀位开指令，转速仍下降较快，立即汇报当班值长。

12:25:22，汽机监盘员手动按下停机硬手操，自动主汽门关闭，启动直流油泵，后因厂用电失电，无人监视润滑油压变化及直流油泵停止时间，故无法推测直流油泵实际运行时间和转子惰走时间。

12:25:44，厂用电消失，DCS 系统失电。

失电前参数为：机组负荷 0.98MW，转速 2318.9r/min，主蒸汽压力7.47MPa，温度 394.5℃，润滑油压 0.8MPa，1～4 号轴承轴瓦温度分别为53.4℃、72.5℃、59℃、70.9℃。12:27，电气副值对外接厂用电进行恢复，按下厂用电 103 断路器远控按钮两次无反应后汇报电气专业工程师。

12:38，运行主管巡检汽机本体情况，发现此时汽轮机转速已降至 0r/min。

12:40，安监部经理发现电气 0 米蓄电池室内有烟雾冒出，用灭火器进行扑救。

15:40，启动柴油发电机，投入盘车运行。

17:20，直流屏模块恢复正常供电。

19:12，10kV 母线恢复正常供电。

（二）原因分析

汽轮机转速下降的原因为油动机一支 LVDT 传感器顶部锁紧螺母脱落，DEH 伺服板采取高选电压即脱落传感器电压，导致油动机反馈为全开状态，调速系统为防止汽轮机超速自启动保护程序全关调速汽门，已不接受运行人员开调门指令。

正常运行 DCS 由两路电源供电，另一路为厂用电供电，另一路为由400V 段引入经 UPS 供电，汽轮机跳闸未联跳发电机出口断路器，发电机仍接带部分负荷，此时转速下降造成厂用电电压降低，造成厂用电供 DCS 电源回路保险熔断。同时 DCS 由 UPS 供电过程中，由于蓄电池无法提供正常电压，导致 UPS 电压不稳，UPS 供 DCS 回路电源保险熔断，于 12:25:44 DCS

失电。

通过调取直流屏检测装置电池巡检仪记录发现，蓄电池供电期间输出电压为 187V，且 96 号、97 号两块蓄电池无电压显示，导致蓄电池组整体容量及电压降低，在本次事故发生时在启动直流油泵运行期间，由于蓄电池组无法满足直流系统正常运行电压，造成蓄电池电流升高、在流经连接导线处加剧发热，最终导致蓄电池过热壳体碳化的直接原因。

蓄电池已连续运行 8 年，设备老化整体容量降低，是直流电压偏低的直接原因。蓄电池更换是 2018 年综合计划大修项目，由于蓄电池集中招标采购流程滞后，未能及时进行更换。

（三）暴露问题

（1）机组运行中调速汽门 LVDT 阀杆顶部螺母脱落暴露出项目公司设备管理工作不细致，日常检查、巡视设备流于形式，该及时发现的缺陷没有能够及时发现，以至于隐患长期存在。

（2）经调阅直流系统历史记录，发现 2018 年 7 月 24 日曾出现蓄电池供电电压最低到 155V，专业技术人员事后没有及时查阅事件记录，充分暴露出电气专业日常巡视检查不细致，专业技术管理不到位。

（3）蓄电池过热壳体碳化暴露出专业定期工作执行不到位，没有定期开展蓄电池充放电试验，日常工作中没有对连接线及端子线进行检查紧固，未能及时跟踪掌握蓄电池蓄电能力，以至于隐患长期存在。

（4）电厂领导及生产管理人员对员工的培训工作重视不够，事故预想、反事故演习等培训工作流于形式，运行人员技术素质较低，事故分析、判断和处理的应变能力差。

（四）处理及防范措施

（1）本次对调速汽门 LVDT 阀杆顶部螺母进行紧固，并进行了拉阀试验，试验结果为调门的阀门特性参数可靠灵活，控制信号与阀门行程符合正常运行要求。要求热控专业把检查 LVDT 传感器支架、紧固螺丝、磨损情况、线路绝缘检查列入定期工作，利用停机机会检查 LVDT 线路绝缘及接线符合要求，安装支架、紧固螺母固定要良好。

（2）自动主汽门进行了开关试验，发现在冷态状态时开关正常无卡涩现象，但在热态时发现无法迅速关到位，初步判断预启阀存在卡涩情况，已列入检修计划。

（3）蓄电池的使用和维护必须严格按照运行规程中相关规范要求执行，定期进行充放电试验，定期检查蓄电池的外壳（蓄电池的清洁度、极柱及壳体是否正常），应保持蓄电池表面清洁干燥，若有灰尘可用柔软织物擦净，定期检查连接线是否松动，如有松动应加以紧固。加强日常巡视检查，定期测量并记录蓄电池单体电压。

（4）组织全体运行人员学习"全厂失电事故处理"，并结合《防止电力生产事故的二十五项重点要求》（国能安全〔2014〕161号）和典型电力事故处理，定期开展反事故演练，确保机组设备发生异常情况时能准确分析和判断，迅速果断的正确处理。

（5）严格执行设备定期试验及切换制度，发现问题及时处理，确保设备安全稳定运行。

（6）生产部门针对目前运行人员业务技能的实际情况，制定有针对性的培训计划，以提高运行人员现场反事故处理能力作为重点，坚持开展班组日常事故预想和反事故演习活动，定期组织考试，将考试成绩作为提岗的重要依据。

第三节 保护性能的问题

近年来，随着计算机技术和通信技术的发展，电力系统继电保护在原理上和技术上都有了很大的变化。可靠性研究是继电保护及自动化装置的重要因素，由于电力系统的容量越来越庞大，供电范围越来越广，系统结构日趋复杂，继电保护动作的可靠性就显得尤为重要，同时继电保护的可靠性也是保护装置性能的一个重要指标。

一、励磁涌流造成保护误动的问题

案例2-14：黑龙江某变电站110kV母线差动保护误动事件

2013年4月，某110kV变电站开展停电检修。检修后送电，值班员合闸2号主变压器高压侧902断路器时，110kVⅠ段母线差动保护动作，110kV进线906断路器、母联903断路器、1号主变压器高压侧901断路器、

1号主变压器低压侧断路器跳闸，相关情况如下：

（一）事件经过

2013年4月，某110kV变电站Ⅱ段及2号主变压器停电检修，110kV 906进线带Ⅰ段负荷运行。检修后送电，当值班员在后台机遥控操作合闸2号主变压器高压侧902断路器时，110kVⅠ段母线差动保护动作，110kV进线906断路器、母联903断路器、1号主变压器高压侧901断路器、1号主变压器低压侧931断路器跳闸。

（二）原因分析

1. 保护动作原因

调取故障时刻母线差动保护装置的故障报告，C相涌流较大。报告显示"Ⅰ段母线电流差动保护启动""Ⅰ段母线零序电压动作""Ⅱ段母线零序电压动作"。打印故障时刻电压及差流有效值（如表2-2所示）和母线各分支电流有效值（如表2-3所示）。

表 2-2　　　　　　　　　故障时刻零序电压及差流有效值

有效值	I_{d1}	I_{d2}	I_d	I_f	$3U_{01}$
整定值	2.5A	2.5A	2A	$0.65I_d$	10V
实际值	4.09A	0.14A	4.12A	8.53A	15.36A

表 2-3　　　　　　　　　故障时刻各分支电流有效值

分支线	母联	906进线	1号主变压器	907进线	2号主变压器
有效值	3.36A	2.93A	0.33A	0.04A	3.11A

由表2-2、表2-3数据可知：故障时Ⅰ段母线确实存在较大差流，差流达到Ⅰ段母线电流差动保护启动条件，零序电压达到动作条件；906进线电流明显小于分支线1、2号主变压器的电流之和。故障时2号主变压器送电产生较大励磁涌流，但对于母线差动保护装置而言应属区外，这显然与变电站当时的运行方式不符。

2. 发生原因

（1）母线差动保护电压闭锁原理。

为了防止由电流互感器极性错误、倒闸操作忘记改变保护方式、误碰设备或出口继电器损坏等原因造成的母线差动保护误动，母线差动保护配置有低电压突变及经复合电压判别的电压闭锁功能。电压突变利用本周波电压的采样值与前一周波电压的对应采样值进行比较。复合电压判别则由装置通过对各相电压进行滤波处理形成负序电压、低电压和零序电压，组成复合电压启动条件。

（2）电流互感器励磁特性。

电力系统发生短路故障时，电流互感器通过短路电流，一次电流由正弦周期分量与按指数规律衰减的非周期分量组成，非周期分量对电流互感器暂态性能有重要影响，最大值由短路瞬间电压初相角 θ 所决定。当 $\theta = 0°$ 时，非周期分量初始值达到最大值，此时一次电流表达式见式（2-1）。

$$i_1 = I_{1m}(\mathrm{e}^{-t/T_1} - \cos\omega t) \tag{2-1}$$

其中，$I_{1m} = \dfrac{\sqrt{2}U_1}{\sqrt{R_1^2 + X_1^2}}$，$T_1 = L_1/R_1$。

分析互感器的暂态过程时，采用如图 2-11 所示的等值电路。为方便分析，图 2-11 中忽略了表示铁心损耗的电阻 R_0，并将二次绕组电阻与二次负荷电阻合并成 R_2，且认为已折算至一次侧。

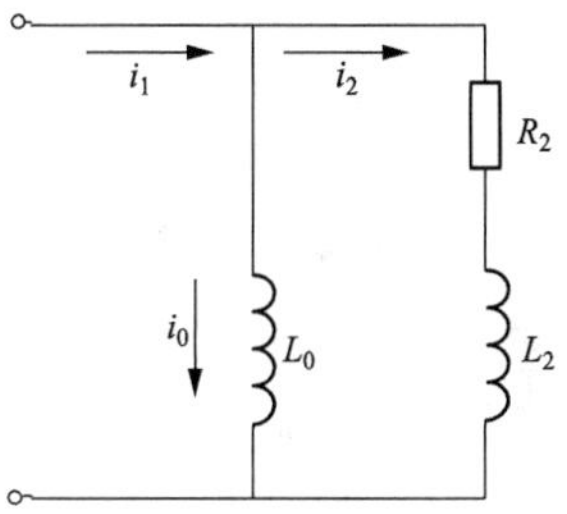

由等值电路可列方程：

$$L_0 \frac{\mathrm{d}i_0}{\mathrm{d}t} = L_2 \frac{\mathrm{d}i_2}{\mathrm{d}t} + i_2 R_2 \tag{2-2}$$

图 2-11 暂态分析等值电路

$$i_2 = i_1 - i_0 \tag{2-3}$$

通过式（2-1）、式（2-2）、式（2-3），可得到暂态励磁电流表达式见式（2-4）。

$$i_0 = I_{1m}\left[\frac{T_1 - T_2}{T_{20} - T_1}(\mathrm{e}^{-t/T_{20}} - \mathrm{e}^{-t/T_1}) - \left(\frac{1 + \omega^2 T_2^2}{1 + \omega^2 T_{20}^2} \right)^{1/2} \sin(\omega t + \varphi) \right.$$
$$\left. + \left(\frac{1 + \omega^2 T_2^2}{1 + \omega^2 T_{20}^2} \right)^{1/2} \sin\varphi(\mathrm{e}^{-t/T_{20}}) \right] \tag{2-4}$$

其中，$T_2 = L_2/R_2$，$T_{20} = (L_0 + L_2)/R_2$。

由此可知，暂态过程中的励磁电流包含四个分量。这四个分量是正弦周期分量（稳态励磁电流）、$t=0$ 时补偿周期分量的非周期自由分量、强制非周期分量（一次非周期分量变换到二次侧流入励磁支路的电流量）和 $t=0$ 时补偿强制非周期分量的非周期自由分量。所以，可以得出暂态二次电流表达式见式（2-5）。

$$i_2 = i_1 - i_0 = I_{1m}\left\{-\cos\omega t + \left(\frac{1+\omega^2 T_2^2}{1+\omega^2 T_{20}^2}\right)^{1/2}\sin(\omega t + \varphi)\right.$$

$$\left. + \frac{T_1-T_2}{T_{20}-T_1}e^{-t/T_1} - \left[\frac{T_1-T_2}{T_{20}-T_1} + \left(\frac{1+\omega^2 T_2^2}{1+\omega^2 T_{20}^2}\right)^{1/2}\sin\varphi\right]e^{-t/T_{20}}\right\} \quad (2\text{-}5)$$

从式（2-5）可以看出，暂态过程中电流互感器二次回路也包含有周期分量和随时间常数 T_1 和 T_{20} 的衰减的非周期分量。

当 $T_{20}=\infty$ 时，二次电流的非周期分量总电流与一次电流非周期分量曲线相一致，此时非周期分量全部流入负荷电流。随着 T_{20} 的减小，非周期分量变换的误差将增大。当 $T_{20}=T_2$，即 $L_0=0$ 时，二次电流中将不包含非周期分量。

（3）误动原因分析。

从式（2-4）和式（2-5）看出，非周期分量变换的误差随着 T_{20} 的减小而增大，因为故障时刻电流互感器铁心没有饱和，所以励磁电感 L_0 近似为常数，则非周期分量的传变误差就随着 R_2 的增大而增大。由此认为，母线差动保护误动原因之一是 906 进线二次电缆比母联和 2 号主变压器二次电缆远或 906 进线的二次回路电阻偏大。

从式（2-5）还可以看出，励磁电流与一次侧回路的电抗有关系，所以认为母线差动保护误动原因之二是励磁电流中直流分量的衰减有一次设备参数的影响，2 号主变压器高压侧电流互感器和母线电流互感器距离比较近，而距离 906 进线电流互感器较远，受一次设备接触阻值和在母线上的两组电磁型电压互感器影响，906 进线直流分量衰减较大。

通过波形可以明确：当时互感器铁心没有饱和；2 号主变压器送电时系统确实产生励磁涌流，各分支回路电流含有较大非周期分量；对比母线差动保护装置和主变录取数据，两个装置录取的并不是同时刻数据，通过数值估算，大致差四个采样周波；对故障时刻各支路的电流进行分频处理，发现各支路电流的基波分量是平衡的，而励磁涌流经过四周波后，906进线明显比主变和母联电流非周期分量衰减大。

按照之前所述，电压闭锁条件开放需满足电压突变和复合电压判据两个条件。该变电站电压突变定值 $\Delta U = 11V$，零序电压按在正常稳态运行情况下躲过正最大不平衡电压的零序分量整定，即 $3U_0 = 10V$。装置实际 $\Delta U = 14V$、$3U_0 = 15.36V$，达到电压闭锁的开放条件。从通过装置采样的电压数据可以看出，零序电压实时最高峰值为 14.73V，装置打印显示的有效值为 15.36V，对于此疑点，厂家解释母线差动保护电压采用有效值进行判据计算，有效值是装置通过积分算法得到的。通过电压数据可知，零序电压中含有非周期分量，如果采用积分算法进行有效值计算，显然是把非周期分量的影响带了进来，所以降低了零序电压闭锁功能的可靠性。

主变压器空送过程中会产生较大随时间常数衰减的非周期分量的励磁涌流，由于一、二次设备接触阻抗和设备参数的影响，励磁涌流中的非周期分量传变到互感器二次侧后衰减程度不同，而母线差动保护差动判据处理中又没有考虑滤除这些因素的影响，导致Ⅰ段母线差流偏大，达到母线差动保护差流动作条件。同时，由于零序电压定值没有躲过2号主变压器送电过程中的不平衡电压零序分量，电压闭锁条件开放，母线差动保护动作出口。

（三）处理及防范措施

针对差流保护，提出以下防范措施：提高母线差动保护装置的采样率，改进母线差动保护动作判据，采取幅值和实时采样值计算相结合的方式，去除非周期分量对差流计算的影响；采用具有谐波闭锁原理和电流互感器铁心饱和时通过自身加权提高阈值的原理来增强母线差动保护装置躲过励磁涌流的能力。

针对电压闭锁条件，提出的防范措施为：在非周期分量较大的情况下，改变零序电压有效值的算法，采用去除非周期分量的算法（如傅里叶基波算法）进行有效值计算。

二、跳闸和合闸回路的匹配问题

案例2-15：贵州某变电站主变压器断路器跳闸线圈烧毁事件

2014年8月，贵州某变电站2号主变压器断路器跳闸线圈无故烧毁，相关情况如下：

（一）事件经过

2014年8月，贵州某变电站2号主变压器202断路器报控制回路断线。此断路器投运较早，对应的继电保护装置已于一年前更换。检修人员在处理过程中发现其中一个跳闸线圈烧毁，遂予更换。查阅相关记录，此断路器近一段时间内并无操作。

（二）原因分析

跳合闸线圈都由铁心，线圈绕组及中间可以活动的衔铁构成。当线圈两端加到额定电压时，就会有电流通过绕组，产生磁场，吸动铁衔去顶撞断路器脱扣器，从而导致断路器动作。两个跳闸线圈中的衔铁高低紧密重叠，只要一个线圈动作或两个线圈同时动作将导致断路器跳闸。

在更换完烧毁的跳闸线圈后发现，断路器在合闸位置时，未更换的另一个跳闸线圈已经励磁，线圈中的衔铁已有微动现象，用万用表测量发现此线圈两端压差为7V左右，当操作断路器进行分闸时衔铁动作却不明显。而更换的新线圈两端压差较小，分闸时衔铁动作明显。这说明两跳闸线圈产生的电磁力并不相同。电磁力的不一致将影响断路器跳闸传动机构的可靠性。

高压线圈特性试验规定，跳闸线圈在额定电压的30%内不应动作，这里的动作是指衔铁顶撞脱扣器导致断路器跳闸，而衔铁因电磁力较小未能使脱扣器变位的情况却不在规定内。理想的状态是跳闸线圈在断路器合闸状态时连衔铁的轻微动作都不应该发生。检查发现，两跳闸线圈铭牌不一样。主要参数如表2-4所示。

表2-4　　　　　　　　　　故障时刻零序电压及差流有效值

线圈铭牌	未更换的跳闸线圈	已更换的跳闸线圈
电阻（Ω）	210	80
匝数（匝）	3100	2000
线径（mm）	0.18	0.24

现场测量与跳闸线圈串接的电压型继电器HWJ的电阻，测量值为6kΩ，HWJ的电阻是跳闸电阻的20几倍，当断路器处于合闸位置时，HWJ和跳闸线圈两端电压共为220V，跳闸线圈分压正好7V左右。这说明断路器的跳

闸线圈的电阻和保护装置的 HWJ 的电阻匹配并不理想，当断路器长期处于合闸位置时，跳闸线圈两端压差过大，以至于线圈一直处于"工作"的状态，并且线圈线径太细，长期通过发热容易导致线圈烧毁。

对于跳闸线圈在本该动作时却动作不明显也可以这样解释：其他条件一样时，由于线圈磁力的大小取决于线圈的安匝数 nI，即线圈的匝数 n 与电流 I 的乘积。当断路器分闸时，由图 2-12～图 2-14 可以看出，此时 HWJ 被短路，全部压降都落在了跳闸线圈上，线圈电阻较小，则电流较大，再根据线圈的匝数，就可以得出：虽然未更换的线圈匝数多于已经更换的线圈匝数，但是前者的电磁力比后者小。考虑到此断路器为液压操作机构，相比弹操机构需要更大的电磁力，遂将剩下的跳闸线圈给予更换。

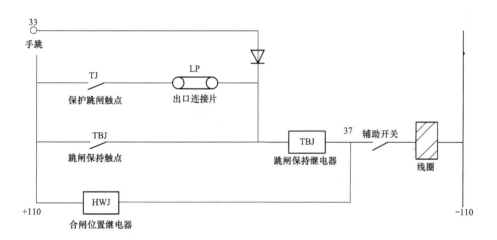

图 2-12　跳闸回路

图 2-13　断路器在合闸位置时

图 2-14　断路器跳闸瞬间

对于合闸线圈，也存在同样的问题，但对于一直处于运行状态的断路器，合闸回路处于断路状态，此问题并不明显。

（三）处理及防范措施

检修人员在更换烧毁的双跳闸线圈时，应先了解两跳闸线圈的电气及机械特性参数；设计人员在断路器选型时，不仅要注意操作回路中线圈电阻和 HWJ 及 TWJ 的匹配问题，还应将线圈线径等参数纳入考虑范畴；断路器生产厂家也应按有关标准提高自己的产品质量，以满足电力系统对设备可靠性日益增长的需求。

三、装置软件版本错误造成的保护误动和拒动

案例 2-16：湖南某电厂 2 号高压厂用变压器差动保护动作停机事件

2019 年 2 月 9 日，湖南某电厂在厂用电切换时，2 号机组 B 套高压厂用变压器差动保护动作，机组解列，相关情况如下：

（一）事件经过

2019 年 2 月 9 日 08:03 2 号机组并网。9:03 负荷 159MW 厂用电切换时，2 号机 B 套高压厂用变压器差动保护动作，机组解列。在进行了一系列的检查试验后，初步判断为装置偶发性故障误动作，退出 2 号发电机变压器组保护 B2 柜 2BJ 保护箱中所含保护，即将高压厂用变压器差动保护、高压厂用变压器复压分支过流、A 分支复压过流、B 分支复压过流、A 分支零序过流、B 分支零序过流、A 分支速断、B 分支速断、分支零序过流 T_2 功能连接片停用。20:40 重新并网，21:01 切换厂用电，该装置未启动。2 号机组运行趋势如图 2-15 所示。

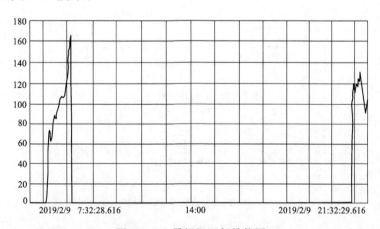

图 2-15　2 号机组运行趋势图

（二）原因分析

1. 保护动作原因

对 2 号发电机变压器组保护 B2 柜高压厂用变压器差动保护进行试验，分别做了差动保护通道精度，比率制动特性，二次谐波制动，大电流试验冲击，试验数据合格；

检查 B2 柜差动保护二次回路直流电阻和回路电缆绝缘，试验数据合格；

高压厂用变压器低压侧电流互感器本体由于受潮，二次屏蔽层有放电痕迹。对高压厂用变压器高低压侧电流互感器进行伏安特性试验，试验数据合格（见图 2-16～图 2-18）。

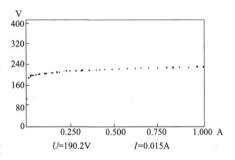

图 2-16　低压侧电流互感器 A 相伏安特性

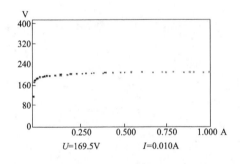

图 2-17　低压侧电流互感器 B 相伏安特性

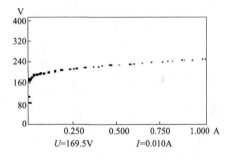

图 2-18　低压侧电流互感器 C 相伏安特

调阅故障录波记录，差动保护动作时 6kV A 分支电流、电压保护情况见图 2-19。由于厂用电采用并联切换，电压没有变化，电流 AB 相有小幅位移，C 相无变化，系环流影响。而且，差动定值为 0.346p. u.，以低压侧为基准。而录波显示电流随时间为衰减趋势，且高低压侧差值最大值未达到差动定值。

查看 11 月 26 日启机时，厂用电切换时，A 分支电流情况见图 2-20，与这次一致。

2 号发电机变压器组保护 B2 柜 2BJ 保护箱在厂用电切换过程中发高压厂用变压器差动保护动作，届时 A 套保护未启动。B 套保护动作后，2BJ 保护箱装置不能按"reset"键复位，且在设备跳闸后，装置误发 A 分支复压过流动作等信号，但是在断开装置电源重上电后，装置各项试验正常。停用 2BJ 保护箱中所含保护功能连接片后，开机切厂用电装置未启动。同时检查一次系统及故障录波也未发现异常。因此，该装置动作应该为偶发性故障误动作。

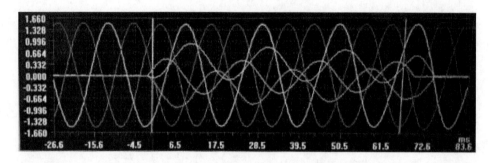

图 2-19　2 月 9 日厂用电切换时 A 分支电流电压

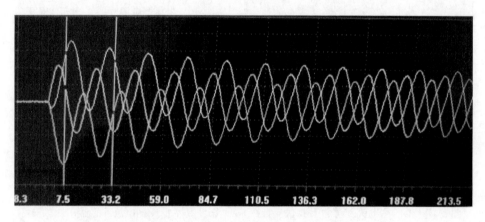

图 2-20　11 月 26 日厂用电切换时 A 分支电流

2. 发生原因

根据现场检查结果，咨询发生过类似情况的电厂及厂家，此次故障的根本原因为存储器异常，DSP 存储器出现异常中断而造成了此次故障。说明如下：TA/TV 采样模块上包含的 DSP 负责所有模拟量的计算将数字量送至 CPU 模块，DSP 模块上的存储器包含一个特殊的系数用于制动电流和差动电流的缩放。判断在此期间，有外部因素（如电气量的快速干扰，速度超过了 UR 继电器设计时的给定参数）引发 DSP 存储器中断，造成差动电流和制动电流计算错误，导致保护误动作。

（三）暴露问题

该电厂1号、2号机发电机变压器组保护、1号启备变压器所有T35、G60采样模块及软件自诊断及抗干扰能力不足，版本均分别为V4.8和V4.6的，版本过低，未及时升级。

（四）处理及防范措施

（1）同发电机变压器组GE保护厂家人员进行技术沟通，进行软件版本升级。从CPU版本V5.72之后，附加的措施能确保DSP模块上存储的数据可靠：通过不断地对"不应被错误写入的存储器位置"进行写保护，并允许巡检指针访问未分配的内存地址。即：保护这些不用于数据处理的内存地址不被错误写入。因此，当内存故障发生，也只会影响正在运算进程中（DSP转换）的内存地址，而已经被锁存（写保护）的地址不会牵连，锁存的数据可靠送往CPU模块。

（2）硬件升级。升级新的UR继电器，新的TA/TV采样模块和新的CPU版本都加强了抗干扰能力，并增加了采样模块自诊断功能，可有效防止在类似异常情况下造成的保护误动，如利用模拟量数据完整性验证检测模拟测量失效故障、监控保护装置内部TA电路的完整性，防止继电器在TA二次绕组故障时发生误动、TA/TV模块检测无效数据时闭锁任何保护功能跳闸、监控电源电压波动确保TA/TV所有电子元件安全工作条件下进行。且GE新发布的TA/TV模块在设计上，实现了硬件滤波使用FPGA（现场可编程门矩阵），使滤波器运行在一个速度高于标准通信速率的环境下，确保模块数据通信。

（3）在硬件、软件版本升级前，为防止发生重复性跳机，现将2号发电机变压器组保护B2柜2BJ保护箱中所含保护：高压厂用变压器差动保护、高压厂用变压器复压分支过流、A分支复压过流、B分支复压过流、A分支零序过流、B分支零序过流、A分支速断、B分支速断、分支零序过流T_2停用，待软件升级后再进行投入。

（4）2号高压厂用变压器B套保护停用，2号高压厂用变压器A套保护并网前已进行检验，保护动作正常，可以投入使用；2号发电机变压器组大差主保护A、B套均投入，已将2号高压厂用变压器纳入其主保护范围内，若2号高压厂用变压器设备发生故障时，保护装置有快速性和可靠性。

第三章 二次回路问题

在电力系统领域，继电保护装置在电力系统出现故障以及特殊状况发生时，它能够在故障发生的超短时间内识别到，并且自动地将电力系统设备与故障设备的连接切断，这样一来可以减少系统故障所带来的损失和影响，因此，现如今，在维持电力系统稳定安全运行方面，继电保护装置占据了不可替代的位置。可是，一旦继电保护二次回路产生故障，电力系统不仅仅丧失了正常的保护作用，它还会因为电网瘫痪以及系统的崩溃给电力企业造成严重的经济损失，除此之外，还会对各小区居民住户的日常生活带来一定程度的负面影响。基于上述情况，为了保证电力系统能够长久安全地运行，对继电保护二次回路的相关故障探讨和解决措施的研究很有必要。本章主要结合相关案例阐述了继电保护二次回路可能存在的主要问题，并且对继电保护二次回路问题的处理和防范措施作了一定的讨论，以期对相关工作人员提供一定的帮助和参考价值。

第一节 回路绝缘的损坏

本节结合实例，对二次回路绝缘不良引起继电保护装置不正确动作进行了分析，并有针对性地提出了处理及防范措施，提高继电保护装置正确切除故障的能力。

一、绝缘击穿造成的误跳闸问题

案例 3-1：一起因二次电缆破损引起的停机故障

（一）事件经过

2017 年 4 月 12 日 11：00，某电厂 4 号机组主断路器跳闸，厂用电切换、灭磁断路器跳闸，ETS 动作，汽机跳闸，DCS 显示首出为发电机保护动作，锅炉 MFT 动作，首出原因为发电机跳闸，机组停运。

（二）检查情况

检查机组 SOE 记录，首出为电气主断路器送 ETS 三路合闸位置信号消失同时出现，后厂用电切换、灭磁断路器跳闸、ETS 动作关主汽门（首出原因为发电机保护动作），锅炉 MFT 首出为原因为电气跳闸。检查发电机变压器组保护未发现动作记录，检查故障录波与 SOE 动作顺序一致，实际动作顺序与保护全停动作顺序相符（该厂 4 号机组锅炉 MFT 主保护中设置有发电机跳闸跳锅炉和汽机跳闸跳锅炉两种保护逻辑）。

检查发现 4 号机组直流绝缘监测装置显示 DC 110V 系统对地绝缘低（当时为连续阴雨天气），逐步排查至 4 号高压厂用变压器冷却器控制箱，检查发现该控制箱中的电缆中有两根捆扎紧挨的电缆（1 根为风扇电机交流电缆，1 根为高压厂用变压器第 2 组冷却器故障开关量输入电缆）外皮有破损，检查切换冷却器至 2 组后直流系统显示绝缘低，切回 1 组运行直流绝缘恢复正常。经测量绝缘低时直流对地有 3~46V 左右无规律变换的交流电压。对破损的电缆隔离并绝缘包扎后，冷却器相互切换时直流系统对地绝缘恢复正常，直流系统中交流电压降低至 1V 以下。

现场检查同时发现断路器侧送 ETS 的三路主断路器合闸信号电缆的公共端电缆芯端子压接不紧，对其进行了紧固处理。ETS 信号由 1 变 0 的异常反复变位的原因为断路器跳闸时的剧烈振动使松动的信号接线抖动导致。

（三）原因分析

该厂 4 号机组在上次大修时更换了老化的高压厂用变压器冷却器控制柜，更换时因工艺不到位留下了电缆绝缘皮损伤的隐患。事发时连续阴雨，电缆表面及受损部位受潮积水，运行人员执行高压厂用变压器冷却器电源定期切换工作时，受损交流电缆带电运行，导致交流窜入高压厂用变压器非电量直跳回路的输入回路。2011 年执行反措时虽已拆除变压器冷却器非电量跳闸保护连接片，但未拆除跳闸连接片后连接的开关量输入回路电缆，现场测量冷却器切换时直流系统中串入的交流分量最高达到有效值 46V（峰值 64V），达到发电机变压器组保护用电磁式继电器的最低可靠动作电压

$50\%\sim65\%U_n$（55～71V），造成保护装置内出口继电器误动作出口，从而使机组因非电量全停保护动作停机。

现场检查机组非电量保护屏上无动作记录显示，查看图纸保护装置信号继电器需经过直跳继电器接点启动，信号继电器最低可靠动作电压阈值较高，交流分量幅值不足且交流串入直流时直跳继电器抖动时间很短，未能驱动信号继电器动作，信号未发出，因此保护屏上无动作记录显示，待机组停机后需对发电机变压器组保护进行测试检查。

而且该厂4号机组的直流绝缘检测装置可靠性低，直流选线功能自装置投运以来就不可靠，无交流串直流监测功能，导致交流串入直流后系统未能及时报警。

（四）暴露的主要问题

（1）机组改造过程中对设备保护不当，造成电缆损伤后留下隐患。

（2）运行的直流绝缘监测装置性能低下、功能失效，在系统异常时不能及时可靠报警，设备改造不及时。

（3）机组检修时对质量验收不严格，端子排验收时没有再次全部进行复紧检查，对备用线缆的绝缘包扎及固定不到位。

（4）反措工作执行不彻底，对冷却器全停跳闸保护只拆除了跳闸连接片，但未拆除屏后连接电缆。

（5）技术监督整改工作执行不扎实，未及时发现电缆芯数不足采用三个信号共用芯线方案存在的隐患。

（6）热控DCS改造后个别点描述的检查核对不全面、不细致，个别电气量点名拷贝自1号机组后未及时更正。

（五）处理及防范措施

（1）加强机组检修过程中质量验收程序及质量控制。

（2）加强机组改造过程中设备的保护，规范施工工艺，加强质量检查，尤其要防范电缆损伤缺陷，对备用电缆芯做好绝缘包扎及良好的固定。

（3）尽快完成功能不足及老化失效的直流绝缘监测装置的更换进度，保证装置绝缘监测、选线及交直流互串报警功能的正常投用，对重要设备的选型采购应尽量采用成熟、性能可靠的产品。

（4）立即对全厂进行过改造的电气、热控专业的端子排、控制箱等进行摸排，掌握全面情况，并制定计划进行全部检验和整改，防止发生类似事件。

（5）在机组停机时，对 220kV 断路器送机组 ETS 的三路主断路器合闸信号回路重新敷设电缆，对重要信号回路采用独立电缆回路，不得采用多信号共用公共单线缆接线的方式。

（6）热控专业对 4 号机组的各测点的描述进行全面检查、核实、登记，在机组停机后进行全面更正。

（7）机组停机后对发变组保护及故障录波器进行全面检查测试传动检查，特别是非电量保护通道进行全面测试，拆除停用保护回路电缆。

（8）对投运超过 10 年的保护装置、电子检测装置适时进行更换改造，对发现存在缺陷隐患的设备及时进行整改完善及改造。

案例 3-2：某 500kV 变电站 3 号主变压器二次设备绝缘不良引起的跳闸

（一）事情经过

1994 年 6 月 28 日 14：12，某 500kV 变电站 3 号主变压器运行中无故障跳闸，A、C 两相重瓦斯保护动作信号掉牌，跳闸同时变电站内有直流接地信号，事后对 3 号主变压器瓦斯保护等二次回路进行检查，未发现异常。

（二）检查情况

1994 年 7 月 1 日，该变电站又发生 L6 线路二次回路直流接地，3 号主变压器在运行中重瓦斯保护又无故障跳闸，检查发现 511 隔离开关操动机构到隔离开关控制箱的一根控制电缆中直流正电源线与交流 220V 火线的芯线间绝缘为零，对地绝缘只有几欧姆（万用表测量值）。

（三）原因分析

（1）同一座变电站、同样原因发生三次（包括 1989 年 5 月 5 日一次）主变压器重瓦斯保护无故障误跳闸，均是由于设计不当造成交、直流混接，发生直流系统正电源接地，这是误跳闸的主要原因。

（2）变压器重瓦斯保护起动跳闸中间继电器的控制电缆很长，约 400m 左右，电缆芯线对地电容较大，容抗 $X_c = j/\omega C$ 较小，通过线间电磁耦合过来的干扰电压较大，所以三次均是变电站直流电源正极接地时，发生重瓦斯保护无故障跳闸，如图 3-1、图 3-2 所示。图 3-3 是通过直流正极接地电磁耦合干扰电压的等值电路图。图中 $R+$ 是直流系统正极对地的等值电阻，若直接接地则 $R+=0$。重瓦斯保护跳闸中间 KZ 分到直流耦合电压 U_1，U_1 的大小随 $R+$ 及 X_c 大小而异。

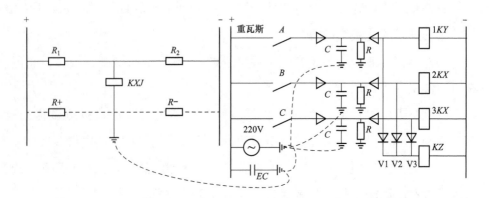

图3-1　直流监视装置示意图　　　　图3-2　重瓦斯保护跳闸示意图

（3）重瓦斯保护跳闸中间继电器KZ同分相动作信号继电器1KX～3KX之间有二极管隔离，见图 3-2。二极管对交流有整流作用，如图 3-4 所示。瓦斯保护跳闸中间继电器 KZ 除有电磁干扰耦合过来的直流电压 U_1 外，还叠加有经 V_1～V_3 二极管将交流 220V 半波整流脉动电压 U_2，交流电源对耦合电容 C 的充放电过程企图使半波整流的脉动电压连续。$UZJ=U_1+U_2$ 这是直流电源正极混接交流电源时容易造成重瓦斯保护无故障跳闸的根本原因。

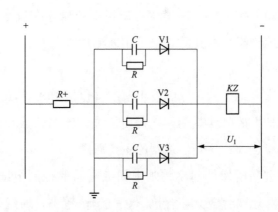

图 3-3　电磁耦合干扰电压 U_1 等值图

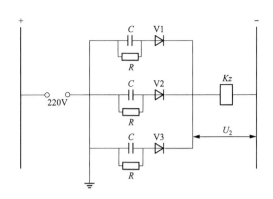

图 3-4 交流半波整流电压等值图

该变压器的继电保护装置是 ABB 公司的产品，中间继电器的动作电压普遍较低，约 $30\%UH$ 左右，这也是直接接地时造成重瓦斯保护无故障跳闸的原因之一。

（四）暴露问题

（1）工程图纸审核往往忽略二次回路安装接线图纸的审核，因而没有发现交流、直流电源在同一根控制电缆中，造成重瓦斯保护同样原因的二次无故障误跳闸。同一组断路器辅助触点同时给两个不同回路使用，由于安装接线的错误造成继电保护原理图的错误。

（2）查找二次回路设备绝缘不良，万用表一般是不能发现问题的，除非全部击穿，只有在加电压时才能有泄漏而发现绝缘不良，6 月 28 日第一次误跳闸，如果用 1000V 绝缘电阻表检查回路绝缘，也许不会发生第二次误跳闸。

（五）处理及防范措施

（1）提高重瓦斯保护跳闸中间继电器的动作电压，在线圈回路加串电阻，使动作电压大于等于 $55\%UH$，小于等于 $70\%UH$。

（2）交流、直流、强电、弱电回路不能合用在同一根控制电缆中，避免芯线间感应出干扰电压，并在其终端连接设备上产生出不能接受的共模和差模干扰电压。

案例 3-3：某电厂 1 号机继电器长期带电运行引起绝缘故障

（一）事件经过

9 月 24 日 11：05，1 号机组负荷 75MW，主汽压力 10.66MPa，主汽温

533℃，定子电压 13.68kV，定子电流 3.4kA。9 月 24 日 11:06:24，1 号机组跳闸，首出原因为"发电机油断路器跳闸"。跳闸后，全面检查 1 号发电机保护室各保护屏，无保护动作信号。15:16，经分析排查并更换双位置继电器传动无误后，1 号机组并网发电。

（二）检查情况

1. 设备概况

1 号发电机为的 WX21Z-073LLT 型空冷发电机，自并励励磁系统。1 号主变压器为 SFPS-170000/220 型三卷变压器，高压侧和中压侧分别接入 220kV 和 110kV 系统。发电机变压器组保护装置采用南瑞继保公司 RCS-985 型产品。

2002 年机组投运时，因发电机出口断路器位置辅助触点数量不足，无法提供至热控 DEH 的三对断路器辅助触点，HWJ 继电器提供断路器辅助触点，2007 年运行中发生控制保险熔断时引起 HWJ 继电器动作返回，最终导致机组跳闸。

为解决落实因控制保险熔断引起机组跳闸的防范措施，2007 年在控制回路中增加双位置继电器（DLS-32A 型继电器），可以避免控制回路失电后，因 HWJ 继电器返回引起机组跳闸。

1 号机组上次检修时间为 2018 年 10 月，检修中保护装置、二次回路及发电机出口断路器双位置继电器检查未见异常。

2. SOE 动作情况

查阅 SOE，报文显示（见图 3-5）：11:06:24，"发电机（油断路器）解列"信号发出，ETS 系统动作，AST 电磁阀失电，汽机跳闸。

R1	C1 采集时间	C2 毫秒	C3	测点名	C4 测点描述	C5 测值
R2	2019-09-24 11:06:24	434	XLP215_1	发电机解列1	XLP215_1	1
R3	2019-09-24 11:06:24	434	XLP315_1	发电机解列1	XLP315_1	1
R4	2019-09-24 11:06:24	437	XLP116_1	发电机解列2	XLP116_1	1
R5	2019-09-24 11:06:24	437	XLP216_1	发电机解列2	XLP216_1	1
R6	2019-09-24 11:06:24	437	XLP316_1	发电机解列2	XLP316_1	1
R7	2019-09-24 11:06:24	446	XLP317_1	发电机解列3	XLP317_1	1
R8	2019-09-24 11:06:24	446	XLP117_1	发电机解列3	XLP117_1	1
R9	2019-09-24 11:06:24	446	XLP217_1	发电机解列3	XLP217_1	1

图 3-5 SOE 动作记录情况

3. 电气检查情况

（1）检查 1 号发电机、变压器、发电机出口断路器、发电机出线室、升压站等处均无异常。

（2）检查发电机变压器组保护屏报文，无保护动作报告，查阅变位信息，发电机出口断路器位置于 11:06:24 出现变位，变位报告如图 3-6 所示。

图 3-6　发电机变压器组保护装置报文

（3）查阅发变组故障录波信息，装置于 11:06:24 启动录波，波形如图 3-7 所示。图 3-7 中，出口断路器位置和灭磁断路器未变位，检查原因为：出口断路器因本体辅助接点不够，未接入故障录波器；灭磁断路器与出口断路器无动作联锁，只有当发电机变压器组保护动作后才变位。

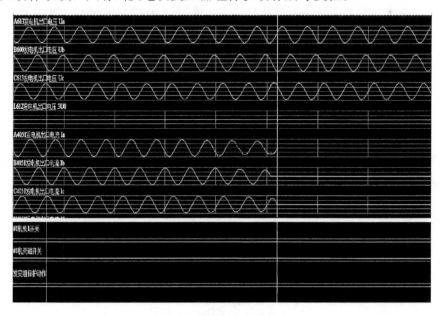

图 3-7　故障录波装置报文

（4）查阅发电机接口屏断路器控制回路图，检查发电机出口断路器跳闸回路绝缘正常（101 对地 120MΩ，133 对地 80MΩ），就地检查出口断路器无异常。

（5）检查发电机紧急停止回路、汽机联跳发电机回路、发电机变压器组保护跳闸回路、DCS 跳闸回路等，均无异常。继续排查跳闸回路中相关联的其他元器件，发现 1 号发电机出口断路器双位置继电器合位线圈严重变色，有烧灼痕迹，如图 3-8 所示。用表计测量线圈直阻，阻值为 3.2Ω（正常为 6.5kΩ 左右），如图 3-9 所示。

 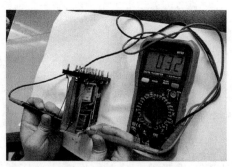

图 3-8　双位置继电器线圈图　　　图 3-9　双位置继电器烧损线圈阻值测量

（三）原因分析

（1）1 号机组跳闸原因：发电机出口断路器异常跳闸。

（2）发电机出口断路器异常跳闸原因：双位置继电器线圈与其他跳闸回路并联后与跳闸线圈串联构成跳闸回路，正常运行时跳闸回路并联部分阻值很大，此时流过跳闸线圈的电流很小，跳闸线圈不动作。当双位置继电器线圈烧损匝间短路时，其阻值大幅减小，引起跳闸回路电阻整体锐减，回路电流大幅增加，当电流大于跳闸线圈的动作电流时，跳闸线圈动作，致使出口断路器动作。

（3）双位置继电器线圈烧损原因：继电器自身质量较差，长期带电运行中，线圈发热使线圈绝缘性能下降，导致继电器线圈匝间短路。

（四）暴露的主要问题

（1）人员业务技能不足，设备隐患排查不到位，对重要跳闸出口回路的隐患排查不细致，未及时发现 1 号发电机出口断路器跳闸回路设计的缺陷及隐患，对重要回路增加的二次设备考虑不全面，未对其进行风险评估。

（2）1 号机组故障录波信息不完整，缺少必要的出口断路器、关主汽门等开关量信息。

（3）设备寿命管理工作执行不细致，对于长期带电运行的重要跳闸回路的元件未及时进行统计记录，未采取有针对性的防范措施。

（五）处理及防范措施

（1）电厂组织专业人员进行发电机跳闸回路的设计修改，根据新设计的原理图办理设备异动及审批手续后进行。

（2）利用机组停机机会，举一反三，全面排查其他机组和本机组发电机出口断路器跳闸回路二次接线，核对二次回路无误后取消双位置继电器、合闸位置继电器串入的隐患回路接点，断路器位置辅助触点从发电机出口断路器本体引接。

（3）完善 1 号、2 号机组故障录波信息，检查完善故障录波器模拟量和开关量信息，使之符合规程要求。

（4）细化完善的设备寿命管理制度，全面排查全厂重要设备的中间继电器的使用寿命，利用机组检修机会进行检查，对超期服役的中间继电器及时更换。

（5）加强全厂电气隐患排查力度，梳理排查电气原理图设计是否合理，是否符合规程反措要求。

案例 3-4：某 220kV 变电站 2 号主变压器直流一点接地跳闸

（一）事件经过

1990 年 5 月 8 日 16:57，某 220kV 变电站 2 号主变压器 220kV 断路器带旁路运行，做电流互感器带负荷电流相位试验，试验结束后，拆除试验接线过程中，在断开零相试验小线时，接在 TA 零相回路小线的一端尚未断开（接地端），而试验小线的另一端不小心瞬间掉到 3LP 连接片上端，如图 3-10（a）所示，通过直流监测装置和抗干扰电容形成通路，1KBC 跳闸中间继电器动作，KX 有掉牌信号，2 号主变压器无故障跳闸，如图 3-10（b）所示。

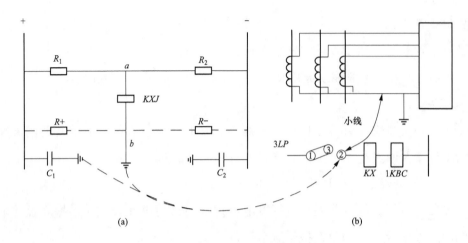

图 3-10 直流监视与接地跳闸示意图

（a）直流监视装置；（b）接地跳闸

图 3-10 中，R_1、R_2、KXJ（电流灵敏继电器）组成直流电源监测装置。R_+、R_- 分别为直流系统正极和负极对地绝缘电阻。C_1、C_2 分别为直流系统正极和负极静态继电保护装置等值抗干扰电容及电线线对地电容量之和。

（二）事故原因

R_1，R_2，R_+，R_- 组成一个电桥，在 a、b 两点间接入继电器 KXJ，正常运行时电桥于平衡状态，KXJ 不动作。当任一极绝缘降低时，电桥失去平衡，KXJ 动作，发出直流接地信号。C_1，C_2 主要是直流系统所接电缆正、负极对地电容以及各套静态型继电保护装置的抗干扰对地电容之和，对大型发电厂、变电站直流系统这个抗干扰电容量不可忽视。

（三）暴露问题

传统有效的安全措施不可丢，运行设备和试验设备之间要设有明显的区别标贴，若一碰就有跳闸危险的连接片、跳闸中间继电器等应用绝缘材料遮盖，就不会发生本次误跳闸事故。

（四）处理及防范措施

（1）各套保护装置出口继电器及断路器的跳闸线圈的动作电压不得小于 $55\% U_H$，就是为了尽量避免直流正极接地时的误起动跳闸。

（2）保证直流一点接地时，直流接地监测继电器 KXJ 有动作灵敏度基础上尽量加大 R_1，R_2 电阻值，见图 3-10（b）。

案例 3-5：某电厂 1 号机表计密封不严致水汽进入引起辅助结点绝缘降低接通

（一）事情经过

5 月 24 日 10：29：15 上位机发"1 号发电机：TCB 操作箱保护出口动作""1 号发电机：调速器紧急停机动作""1 号发电机：FMK 分闸""1 号发电机：111 断路器分闸"，当班值长立即通知专业人员到现场检查。

（二）检查情况

专业人员到达现场检查 1 号发电机变压器组保护 A、B 套及非电量保护装置保护动作事件记录，1 号主变压器高压侧 111 断路器操作箱，1 号机组故障录波装置情况如下：

检查 1 号变压器保护 A、B 套装置无故障信号，面板无保护动作信号，无保护动作事件。

检查 1 号机组非电量保护装置面板出口信号第 8 点红灯亮，为主变压器油温过高动作信号，状态指示第三行红灯亮，为跳闸出口动作指示。

检查 111 断路器操作箱，电源指示正常，111 断路器分闸、"保护Ⅰ跳"、"保护Ⅱ跳"指示灯亮。

检查 1 号机故障录波装置录波文件，FMK 断路器、111 断路器、非电量保护主变压器油温过高有变位。

（三）原因分析

根据变压器保护装置、非电量保护装置检查情况，结合 1 号机故障录波波形分析，判定为主变压器油温过高保护动作出口。

现地检查 1 号主变压器油温正常，测量 1 号主变压器油温过高辅助接点导通。经了解分析，1 号机 A 修过程中对 1 号主变压器进行了喷淋试验（2018 年 4 月 25 日），因油温表密封不良，导致水气渗入表内，1 号主变压器油温表内该辅助接点接线端子绝缘降低，引起出口跳闸。

对 1 号主变压器油温表进行更换，并对主变压器温过高回路（K101、K127/1SF-631）进行检查及绝缘测量，对地绝缘为 100GΩ，相间绝缘为 122GΩ。检查非电量保护装置正常，经传动试验，主变压器油温过高动作行为正确（见图 3-11）。

图 3-11 1号机主变压器油温过高接点

（四）暴露的问题

校验主变压器油温表后恢复安装时，未检查其密封性；油温表安装时未考虑相关防水措施。

主变压器喷淋试验前，控制元件防水保护工作未做到位；喷淋试验结束后，未检查控制元件表面积水情况。

（五）处理及防范措施

（1）校验主变压器。油温表后，须对表密封性进行检查，定期进行密封更换，并加装防水防护挡板。

（2）主变压器喷淋试验时，控制元件防水保护要做到位，并在试验后进行积水情况检查，发现异常及时处理。

（3）对主变压器油温过高保护进行优化，并完善温度升高预警及预控措施。

（4）对全厂主变压器油温表进行排查，举一反三，消除隐患。

二、跳闸回路"33"接地造成的断路器跳闸问题

案例 3-6：跳闸继电器"33"回路对地绝缘低引起跳闸回路接通

（一）事件经过

事件前机组主要参数：2018 年 7 月 5 日 17：24，2 号机组有功功率 171MW，无功 47.9Mvar，定子电压 15.8kV，定子电流 6576A，主汽温 539℃，再热汽温 537℃，炉膛负压-50Pa，真空-66kPa，1、2 号循环水泵运行，2 号凝结水泵变频运行，2 号给水泵变频运行，1、2、4、5 号磨煤机运

行，1、2号送风机变频运行，1、2号一次风机、1、2号引风机运行。机组各保护正常投运，厂用系统正常方式运行。

7月5日17:24:07，2号炉2号引风机跳闸，联跳2号送风机，DCS显示"2号引风机事故跳闸"信号。

17:24:22锅炉主操停止2号磨煤机运行。

17:25:45解除AGC，机组降负荷。

2号炉1号引风机指令由43.8%升至73.6%，电流升至365A后突降237.2A，炉膛负压降至732Pa，1号引风机入口挡板开状态消失。

17:28 2号引风机电机本体及保护检查未见异常，重启2号引风机，电机未启动，就地检查保护装置显示"差动速断动作"。手动切换6kV厂用电至备用电源。

17:32:38，机组负荷79MW，1号引风机入口挡板偏离工作位，执行机构操作不动，值长下令手动MFT。

17:38:06值长下令手动打闸2号汽轮机，2号机组解列。

（二）检查情况

（1）调取SOE及报警记录发现7月5日17:24:07，2号炉2号引风机跳闸，联跳2号送风机，DCS显示"2号引风机事故跳闸"信号。热控无跳闸报警，炉膛负压升至1812Pa，2号炉1号引风机指令由43.8%升至73.6%，电流升至365A后突降至237.2A，炉膛负压降至732Pa，17:28重启2号引风机，未启动成功，17:32:38手动MFT，17:38:06手动打闸2号汽轮机，2号机组解列。

（2）检查高压电机线圈至电机接线盒、中性点引线检查结果良好，未发现有异常。

（3）检查电机及电源电缆绝缘，结果合格。

（4）检查电机直流电阻，测试结果合格。

（5）检查6kV断路器保护装置定值，核对正确。

（6）检查保护带断路器整组试验，结果正确。

（7）检查电动机两侧TA伏安特性，结果正确。

（8）检查跳闸中间继电器，启动电压151V，启动功率1.35W，结果合格。

（9）保护装置加模拟量检验，带断路器整组传动，结果正确。

（10）检查保护装置至端子排及 TA 的二次回路接线正确，二次绝缘测试结果合格。

（11）检查远方跳闸回路电缆、就地事故按钮跳闸回路电缆绝缘，测试结果合格。

（12）检查直流系统绝缘检查装置报警记录和缺陷管理记录，自 5 月 8 日起频繁发生短时直流正极对地绝缘降低，而无缺陷登记。7 月 5 日 25～38min 有正极接地的报警，证明在这一时间段前后直流正极对地绝缘下降。

（13）检查 2 号炉 2 号引风机开关柜图纸和实际接线，发现分闸中间继电器输入"33"存在寄生回路，寄生回路对地绝缘低，用 500V 绝缘摇表检查其绝缘为 0。寄生回路为原引风机高压变频器至 6kV 断路器的"重故障跳闸"信号（在引增合一改造后变频器已拆除，原废旧电缆变频器侧仍然遗留在电缆沟内，而开关柜侧未拆除），如图 3-12 所示。

（14）就地检查，2 号引风机入口电动挡板门电动执行机构连杆变形（见图 3-13）。

（三）原因分析

（1）2 号炉 2 号引风机第一次跳闸原因：直流正极对地绝缘降低，同时跳闸继电器"33"回路对地绝缘低，形成"直流正极——大地——寄生回路——跳闸中间继电器——直流负极"回路，造成跳闸继电器分压大于 150V，出口跳开引风机断路器。

图 3-12　2 号引风机入口电动挡板门
　　　　　电动执行机构

图 3-13　2 号引风机入口挡板偏离工作位

（2）直流正极对地绝缘降低原因：目前已确定直流正极对地绝缘下降的支路至化学段，此支路引出主厂房，二次电缆较长，具体绝缘降低原因待查。

（3）跳闸继电器"33"回路对地绝缘低原因：由于存在寄生回路，寄生回路另一侧在电缆沟内，对地绝缘低。

（4）2 号炉 2 号引风机第二次跳闸原因：引风机第二次启动与跳闸时间间隔 4min，电动机线圈剩磁较大，第二次热态启动电流会大于冷态启动，同时差动速断保护定值偏低，造成差动速断保护动作。

（5）1 号引风机入口电动挡板偏离工作位原因。2 号引风机跳闸后，1 号引风机在自动状态，迅速增加出力，入口电动挡板门挡板全开位置不完全水平，执行机构拐臂设计长度不够，入口挡板受烟气流冲击使得拐臂受力，执行机构连杆被拉直进入工作死区。

（6）手动 MFT 后汽轮机未跳闸原因。查阅热控逻辑发现，热控 MFT 跳闸保护逻辑中设置了锅炉 MFT 后若机侧主汽温度不低于 450℃（厂家设定值）则不联跳汽轮机逻辑。锅炉手动 MFT 后，未满足炉跳机的保护动作条件（主汽温度 467℃/464℃），所以汽轮机未联锁跳闸，值长下令手动打闸汽轮机。

（四）暴露问题

（1）2014 年，机组脱硝改造，引增合一项目在拆除原引风机变频器二次接线中，存在部分废旧二次线拆除不彻底，导致引风机分闸中间继电器存在寄生回路。违反了《防止电力生产事故的二十五项重点要求》（国能安全〔2014〕161 号）中 18.10.7 防止继电保护"三误"事故。"三误"包括误碰、误接线、误整定。设备改造管理不到位，技改验收不规范不严格。

（2）运行巡检不到位，直流系统长期频繁报短时正极绝缘下降，未及时发现。违反了《微机继电保护装置运行管理规程》（DL/T 587—2016）中对微机继电保护装置和有关设备进行巡视的要求。

（3）引风机差流速断定值未能与实际启动过程中差流配合，差流速断定值较低。

（4）引风机报警设计不合理，"事故跳闸"为非自保持信号，造成给

DCS 信号为 100ms 左右的脉冲信号，而 DCS 接收门槛为 500ms，造成第二次跳闸时 DCS 无报警信号。

（五）处理及防范措施

（1）举一反三，对其他机组的引风机二次回路重新检查，避免同类事故发生。

（2）将引风机差动速断定值调整到 $6I_e$，避免电动机热态启动时，差动速断保护动作。

（3）将电动机间隔"装置故障"和"装置告警"信号合并，将"保护动作"自保持信号引入 DCS。

（4）严格检修全过程管理，扎实做好风险作业管控。检修过程要严格执行集团公司检修全过程管理规定要求，严格各环节工艺把关，严肃检修纪律，对重点区域、重要部位、重点工作进行重点把控加强检修、设备改造过程管控，完善质量标准和管控程序，加强验收管理，尤其是要把好方案设计关、验收关。

三、不易检查的接地点

案例 3-7：某电厂 1 号机组灭磁断路器联跳误动作

（一）事件经过

2018 年 2 月 21 日，某电厂 1 号、2 号机组并网发电，3 号机组停机态，全厂 AGC 功能投入，有功负荷分别为 1 号机组 175MW，2 号机组 175MW。2 月 21 日 17：18：43，监控系统报 1 号机灭磁断路器跳闸动作、1 号机 021 断路器跳闸动作等信号，具体信号见图 3-14 所示。1 号机甩负荷 175MW，机组转速大于 115％事故停机。

（二）检查情况

检查 1 号发电机保护 A、B 屏保护装置无电气量动作信号，B 屏非电量保护装置（RCS-974）上开入 8（灭磁断路器联跳发电机出口断路器）信号灯亮，1 号发电机保护 A 屏未见故障开入信号，检查 1 号机励磁系统，未见异常故障信号。

检查直流系统绝缘监测装置上报正母线绝缘降低信号，短时内信号复归，检查机旁直流馈线屏上报 14 号支路（供 1 号发电机保护 B 柜）绝缘降低接地告警信号，绝缘降低整定值为 25kΩ，跳闸时，直流正母线和 14 号支路绝缘电阻分别为 11.6kΩ 和 2kΩ，绝缘监测装置故障记录如图 3-14 所示（直流系统绝缘监测仪无 GPS 对时接口，时标与监控系统不一致，相差约 26min）。

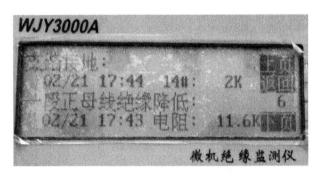

图 3-14　直流系统绝缘监测装置故障记录

经过对发电机灭磁断路器联跳相关回路的检查，发现 1 号发电机保护 B 柜至出口断路器现控柜电缆二次回路芯线绝缘较低，将发电机保护 B 柜电缆进线孔防火堵泥撬开，经仔细检查发现该电缆中一根芯线有破损的痕迹，且破损处紧靠电缆屏蔽层铜网，破损处见图 3-15 所示。经过对该芯线破损处进行绝缘包扎处理，再次对该电缆各芯线进行绝缘检查，直流绝缘恢复正常。

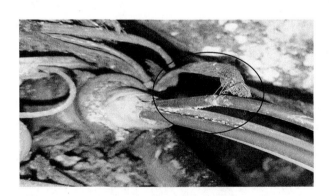

图 3-15　电缆芯线破损处

据电厂人员交代，事件发生时未进行任何电气操作。

（三）原因分析

灭磁断路器联跳发电机出口断路器的原理是用灭磁断路器的动断触点串接出口断路器的常开接点后，作用于跳闸，正常运行时，灭磁断路器常闭结点断开，发电机出口断路器常开结点导通，灭磁断路器联跳回路不通。跳闸

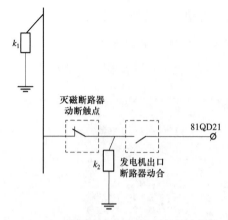

图 3-16 灭磁断路器联跳开入动作示意图

前时刻，直流系统绝缘监测装置同时报 14 号支路及正母线绝缘降低，即灭磁联跳回路中灭磁断路器动断触点引入侧电缆芯线（见图 3-16 中 k_2 点）因破损发生接地，恰好碰上直流母线正极也发生接地，出现直流两点接地，相当于跨接灭磁断路器动断触点两侧回路，导致灭磁断路器联跳回路接通，开入继电器（J8）动作，从而发生灭磁联跳开入信号，使非电量保护动作，出口跳发电机出口断路器 021 和灭磁断路器 FMK，机组停机。因 1 号发电机保护 A 屏未发生接地现象，故未发生开入信号，反过来也验证了励磁系统没有异常情况。

（四）暴露的主要问题

（1）事故案例学习不认真，专项检查开展不到位。电厂未认真组织学习内部各类非停事件，未进行专项检查整改，现场仍存在电缆芯线未做保护措施而直接混于防火封堵泥的现象。

（2）设备定期维护、消缺存在不彻底的情况。对类似于开关站直流系统报母线绝缘降低信号，时有时无的软故障，未一查到底，最终发生两点接地造成不安全事件。

（3）直流系统绝缘监测仪无 GPS 对时接口，时标与监控系统不一致，影响对事件分析的快速性和准确性。

（4）技术监督管理不到位，未积极落实《防止电力生产事故的二十五项重点要求》。对公司以及各级安全检查提出整改落实不彻底，如部分二次电缆屏蔽接地不规范，未严格按要求接到专用铜牌上。

（五）处理及防范措施

（1）认真进行事故案例学习，吸取以往事故教训，积极开展专项检查工作，及时发现生产现场存在的设备隐患并进行整改。电厂已经对重要回路的电缆芯线进行的隐患排查，接下来还应组织人员对全厂可能出现电缆芯线破损的地方进行全面检查，对电缆芯线直接穿过防火封堵泥的现象也应及时进行整改，防止此类事件再次发生。如整改难度大，应采取适当保护隔离措施后再穿过防火封堵泥，而不要让电缆芯线直接接触防火封堵泥。另外，电厂虽已对发生破损接地的电缆芯线进行了绝缘恢复处理，但不可作为永久措施，应在下一次检修中进行电缆更换或采用可靠的备用芯。

（2）提高对直流系统发生接地的重视程度，一旦发生要及时查明原因。由于跳闸跳闸事件发生后，直流系统绝缘监测装置又发过母线正极绝缘降低告警，因都是瞬时性故障，且故障告警时均未进行过电气操作，故难以找到接地点，对此电厂应加强设备巡视及定期维护工作，特别是全厂直流系统的定期检查和维护，并结合机组检修组织对二次设备进行清扫及紧固二次端子，在保护全检时对各出口回路进行摇绝缘试验等相关工作。

（3）及时完善 GPS 对时系统，对需要参与故障分析记录的设备，应采用统一的时钟源。

（4）加强技术监督管理工作，积极落实《防止电力生产事故的二十五项重点要求》。加强学习技术监督及反措工作要求，按照规范要求开展技术监督各项工作。

案例 3-8：交流窜入直流引起断路器跳闸

（一）事件经过

某发电厂共有四台单机容量为 200MW 发电机组，均采用发电机变压器组方式，通过主变压器升压接入 220kV 系统。

2019 年 12 月 31 日，220kV 升压站Ⅰ、Ⅱ母线为分列运行方式，其中 212 母联断路器为分闸状态，200 甲断路器、201 断路器、高资Ⅰ回线 251 断路器、高资Ⅱ回线 252 断路器、203 断路器上Ⅰ母运行，卓旗Ⅰ回线 254 断路器、200 乙断路器、202 断路器、204 断路器上Ⅱ母运行，203 断路器为运行状态。3 号发电机定子电流 4527A、定子电压 15.75kV、转子电压 261V、转子电流 1087A、有功功率 120MW、无功功率 31.7Mvar。

14:08，3 号发电机主变压器出口 203 断路器跳闸，DCS 画面发"3 号发电机变压器组 220kV 断路器跳闸状态"告警，检查灭磁断路器在合闸位，无其他断路器跳闸。检查发电机变压器组保护柜 C 柜报"非全相"报警信号。有功功率由 120MW 突变至 14.2MW，无功功率由 31.7Mvar 降至

11.1Mvar，转子电流 1087A 降至 720A，转子电压 261V 降至 173V，定子电流 4527A 降至 696A，3 号发电机组解列，厂用快切装置未动作，3 号汽轮机保持转速 3000r/s 稳定运行，汽轮机未跳闸，锅炉未熄火，12 月 31 日 20:49，3号机组恢复并网运行。

（二）检查情况

1. 现场检查情况

就地检查 203 断路器 A、B、C 三相在分闸位置，断路器油位、油压、气压均正常。检查励磁系统、主变压器断路器、高压厂用变压器断路器、2 号启备变压器均无异常。

检查 3 号发电机变压器组故障录波器装置，12 月 31 日 14:08:19 开始，其间曾有三次直流母线 I 段正对地、负对地越限报警记录，发现直流电压波形中混入交流电压。第三次 14:08:22:489 直流母线 I 段正对电压、负对地电压混入交流电压，最高达到 573V，14:08:22:819 结束，持续时间不到 0.5s。而在 14:08:22:533 3 号发电机变压器组 220kV A、B 相断路器跳闸，随后 14:08:22:851 时 3 号发电机变压器组 220kV C 相断路器跳闸，如图 3-17、图 3-18 所示。

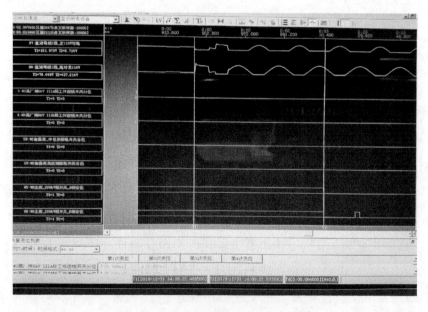

图 3-17 3 号机组故障录波器动作记录 1

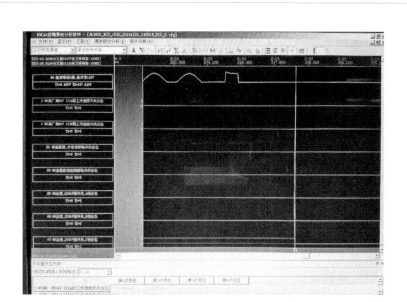

图 3-18　3 号机组故障录波器动作记录 2

　　检查 3 号发电机变压器组保护 C 屏"非全相保护位置"告警灯亮，跳闸灯未亮。检查 3 号发电机变压器组 C 柜保护屏故障报文，无跳闸动作报警记录。检查发电机变压器组保护 C 屏操作箱 I 组跳闸线圈跳闸，II 组跳闸线圈未动作。发电机变压器组保护 C 屏非全相保护报警，如图 3-19 所示。

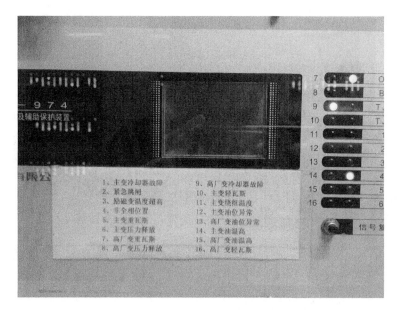

图 3-19　3 号发电机变压器组保护 C 柜动作记录

检查 3 号机组直流系统绝缘监察装置，因交流电压混入持续时间过短，不足 0.5s，无报警记录。

2. 热工 SOE 告警记录检查情况

调取 SOE 及报警记录发现 12 月 31 日 14:08:20，报 3 号发电机变压器故障录波器装置启动，14:08:21 报"3 号发电机变压器第一组保护跳闸"3 号发电机变压器 220kV 断路器跳闸状态""3 号发电机变压器保护柜发电机减出力"报警记录。

3. 设备检修情况

通过查阅 3 号发电机组的大修及小修试验报告，发电机、主变压器、及 220kV 出口断路器绝缘试验均按定检周期进行试验。发电机变压器组保护及自动装置检验合格，装置动作可靠，无异常。

（三）原因分析

1. 主要原因

3 号机组控制直流混入交流电，从而 203 断路器直流操作电源、3 号发电机变压器组保护 C 屏直流操作电源混入交流电。导致 3 号发电机变压器组 203 断路器 A、B、C 相先后跳闸，3 号机组非电量保护"非全相位置"报警。

2. 原因追溯分析

（1）直流系统混入交流原因分析。

检修人员在热网低压变频柜接线工作时，在接入 1 号泵工频启动回路时，误将交流与直流电源线短接，即直流正电 1 与交流端子 308 短接在一起，如图 3-20 所示，造成 3 号机组 203 断路器操作电源、发电机变压器组保护装置 C 屏操作电源直流电源混入交流电。

（2）3 号发电机变压器组断路器动作原因分析。

根据断路器操作机构图如图 3-21 所示，故障前断路器处于合位，断路器辅助接点 Q_1 闭合，就地断路器把手处于远控位置，SPT3、SPT4 接点闭合，当交流串入直流时，102 端子带电电位升高，导致断路器分闸线圈 K1 分压达到动作值，断路器跳闸。

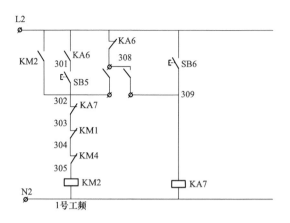

图 3-20 低压变频柜接线图

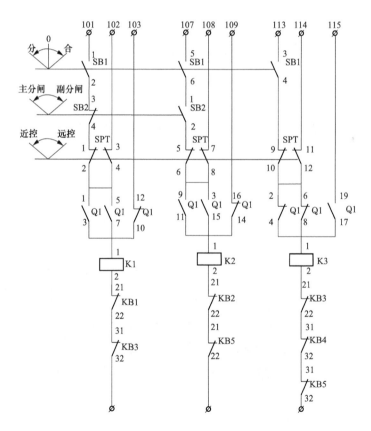

图 3-21 220kV 断路器操作机构原理图

（3）断路器分闸线圈动作原因分析。

发电机变压器组保护C屏断路器操作箱原理图，如图3-22所示。根据厂家原理图。由于直流混入交流电压，控制直流电压最大达到573V，导致正电→11HWJa→12HWJa→13HWJa→K1→负电回路中，断路器本体分闸线圈K1分压达到动作值，A、B、C相跳闸回路先后导通，断路器跳闸。

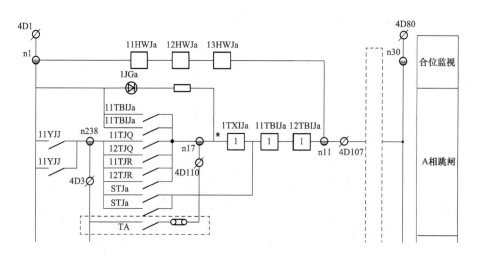

图3-22　3号发电机变压器组保护C屏操作箱原理图

（4）非全相保护动作情况分析。

根据故障后发电机变压器组C屏面板指示，仅"非全相位置"报警指示灯亮，但操作箱出口跳闸灯未亮，即跳闸继电器1TXJa、跳位保持继电器11TBJa、12TBJa未动作。

故障录波记录波形及发变组保护C屏动作情况分析，确认203断路器A、B、C相先后动作，时间间隔0.3s，未达到非全保护动作延时0.5s。

因此非全相保护未动作，仅报"非全相位置"。

3号机组高压侧203断路器两路操作直流电源分别取自3号机组控制直流和4号机组控制直流，由于3号机组控制直流电源混入交流，因此仅Ⅰ组跳闸线圈动作。

（四）暴露问题

（1）检修人员工作不认真，责任心不强，导致在进行疏水泵变频器工作时，没有及时发现交流电混入直流回路，送电后未及时进行测量检查。

（2）绝缘监察装置的正、负对地电压量及交流失电等告警信息未引入DCS画面，运行人员缺少对直流重要故障信息的监视。

（3）运行人员未能及时查看故障录波器启动报警记录，反映出运行安全警惕意识不强，不能及时发现异常通知检修处理。

（五）处理及防范措施

（1）严格检修全过程安全管理，扎实做好风险作业管控。检修过程要严格执行公司安全作业要求。

（2）电气班组将绝缘监察装置引出的正、负对地电压量及交流失电等告警引入DCS后台，热工做逻辑画面。保证运行人员能直观监视到直流正、负对地电压，发现异常，及时通知检修处理。运行人员应加强对直流电源系统的巡检工作。

（3）运行日常严格监视发电机变压器组故障录波器启动报警，要及时跟踪检查，发现异常通知检修及时处理，防止事故扩大。

案例 3-9：控制电缆受力破损接地

（一）事件经过

事件前机组主要参数：5 号机负荷 498.2MW，定子电压 20.5kV，定子电流 14327A，转子电流 2931.15A，转子电压 273.96V，主汽温 563.43℃，再热汽温 563.17℃，真空-89.6kPa，5A 号循环水泵，5B 号凝结水泵变频运行，A、B 气动给水泵，6 台磨煤机运行，A、B 号送风机运行，A、B 一次风机、引风机运行。机组各保护投运正常，厂用系统运行正常方式，脱硫段正常运行。

2018 年 06 月 12 日 13：20：21，5 号机组负荷 500MW，5 号炉 MFT（首出：FGD 请求锅炉跳闸），汽轮机、发电机联跳，厂用电联动正常，5 号机组解列。15：00，6kV 脱硫 A 段母线恢复正常，5 号机组开始点火，18：09，按调度要求并网。

（二）检查情况

1. 基本概况

5、6 号机组装机容量为 600MW，每台机组配置一段 6kV 脱硫段，脱硫段 A、B 段之间配置母联断路器，脱硫段电源取自 6kV 工作段。6kV 脱硫段未配置快切装置，但脱硫段 A、B 段进线断路器，脱硫段母联断路器，利用二次回路搭建了"三取二"逻辑，即 3 个断路器仅能合闸 2 个断路器。6kV 工作段脱硫馈线和 6kV 脱硫段电源进线之间设计了"高连低"跳闸逻辑，即"6kV 工作段脱硫馈线断路器"联跳"6kV 脱硫段电源进线断路器"，此次故障的直接原因就是"高连低"跳闸逻辑控制电缆发生接地。

2. 现场检查情况及试验

(1) 检查发电机变压器组保护事故报文，确定为"热工保护动作"保护引起保护出口跳闸。

(2) 检查热工 SOE，确定热工保护动作原因为锅炉 MFT（首出：FGD 请求锅炉跳闸）

(3) 检查 5 号机主厂房 6kV 母线室内：6kV 厂用 5B 段上脱硫 A 段电源 6TLA 发电机变压器合位，保护未动作，运行正常。

(4) 脱硫母线室内：脱硫 6kV 所有电动机保护装置低电压保护报警灯亮，低电压保护动作。6kV 脱硫 A 段工作电源进线 6TL1 断路器跳闸，5 号机 6kV 脱硫母线失电。

(5) 检查发现 6TL1 断路器操作直流正极接地（正极对地电压约为 0.48V，判断为直接接地），拆下两根线号为 101（正极）及 133（跳闸线）的外部电缆线，6TL1 断路器直流接地现象消失，直流系统正常。

(6) 确认该电缆为 6TLA 断路器（5 号机 6kV 厂用 5B 段上脱硫 A 段电源断路器）联跳 6TL1 断路器（6kV 脱硫 A 段工作电源进线断路器）电缆，型号为 ZRC-KVVP 4*1.5，在 6TLA 断路器低压室内将联跳 6TL1 断路器的二次线 101、133 拆下，万用表测试其对地电阻分别为：101 对地 209Ω，133 对地 35Ω，101 与 133 之间为 246Ω，备用芯 1 对地 70Ω 左右，备用芯 2 对地不通。

(7) 经进一步检查确认，在厂房外脱硫电缆竖井与综合管架接口位置，该电缆卡在电缆底层桥架端部与电缆竖井端口处，由于电缆桥架承重和基础下陷等原因，造成该电缆卡伤接地，故障点见图 3-23。

(三) 原因分析

(1) 机组跳闸首出原因：5 号炉 MFT（FGD 请求锅炉跳闸）。

图 3-23　控制电缆接地故障点

（2）5号炉 MFT 原因：脱硫浆液循环泵全停。

（3）脱硫浆液循环泵全停原因：脱硫段 A 段失电。

（4）脱硫段 A 段失电原因：6kV 工作段脱硫馈线断路器"联跳"6kV 脱硫段电源进线断路器"控制电缆接地。

（5）控制电缆接地原因：由于电缆桥架承重和基础下陷原因，造成该电缆卡伤接地。

（四）暴露的主要问题

（1）隐患排查不到位、不彻底，留有死角，电缆桥架结合处开焊导致控制电缆绝缘损坏，是本次故障的主要原因。

（2）5号脱硫 6kV 电源分布不合理，一台机组的脱硫负荷全部集中在一段母线上，如果脱硫母线停电，全部脱硫负荷退出。

（3）直流系统只在就地有检测报警，信号没送到 DCS，不便于及时发现、处理。

（五）处理及防范措施

（1）针对隐患排查不到位、不彻底，组织重新认真排查，加强考核、全面落实隐患排查责任制。加强对电缆桥架特别是综合管架作业的防护，避免踩踏、损坏电缆。

（2）将脱硫直流报警信号接入 DCS，以便及时发现、查找、消除隐患，避免扩大成事故。

（3）举一反三，排查其余机组特别是脱硫设备是否存在同类问题。

第二节 接 线 错 误

本节主要论述的是有关继电保护电压回路接线错误的问题，针对继电保护电压回路接线错误导致的案例进行了叙述，继而在此基础上提出处理和防范措施，希望通过本文的论述，能够为我国继电保护领域提供参考，从而最大程度的满足电力系统运行的安全需要。

一、误接线造成的保护拒动、误动或影响系统安全的问题

案例 3-10：某电厂 3 号机组非同期并网事故

2019 年 4 月 19 日，某电厂 3 号机组因"凝汽器真空低"保护跳闸，在机组恢复启动并网过程中，3 号主变压器损坏。相关情况如下：

（一）事件经过

2019 年 4 月 19 日非停发生前，3 号机组负荷 260.8MW，凝汽器真空－95.2kPa，机组处于协调方式，AGC 投入、RB 功能投入。2019 年 4 月 19 日 8:37:45，"真空低跳闸"信号发出，汽机跳闸；8:37:46，锅炉 MFT，发电机变压器组解列，如图 3-24 所示。

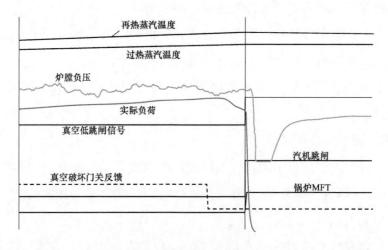

图 3-24 非停前后主要参数历史趋势

机组跳闸后，经现场检查，DCS 操作员站、工程师站、盘面硬手操及MCC 小室均无人员操作真空破坏门。研究决定采取临时措施，将真空破坏

门 MCC 抽屉停电后转手动方式，联系调度同意 3 号机组重新启动，真空破坏门打开原因继续查找。

12:39，3 号汽轮机转速 3000r/min，进行发电机并网操作；12:59，投入 3 号发电机励磁，发电机端电压升至额定值（20kV），检查发电机变压器组各运行参数正常，投入同期装置进行自动准同期并网。

13:03，3 号发电机变压器组 5003 断路器合闸后即跳闸（系统侧为 500kV IV 母），灭磁断路器跳闸，CRT 上"5003 断路器事故跳闸""5003 断路器第一组出口跳闸""5003 断路器第二组出口跳闸""主变压器压力释放"光字牌闪亮。值班人员立即到 3 号发电机变压器组保护小室检查保护动作情况，发电机变压器组保护 A/B 柜均报"主变差动速断""发电机变压器组差动速断""主变压器比率差动""发电机变压器组比率差动"发电机变压器组保护 C 柜"主变压器重瓦斯""主变压器轻瓦斯""主变压器压力释放"动作信号灯亮。就地检查发现 3 号主变压器本体西北角撕裂漏油，本体向外冒烟（见图 3-25、图 3-26）。值班人员联系调度，合上 5003617 接地隔离开关，3 号发电机变压器组回路转检修，20 日启动 4 号机组。

图 3-25　主变压器损坏照片　　　图 3-26　主变压器损坏照片

（二）原因分析

1. 非停原因

（1）保护动作原因。

经对现场历史趋势和相关报警记录查询，汽轮机跳闸的首出为"真空低跳闸"，在非停发生前，8:37:01 真空破坏阀关反馈信号消失，随后凝汽器真空开始快速下降，8：37：34 真空下降至报警值（−90kPa），8：37：46 真空下降至跳闸值（−81kPa）触发"真空低跳闸"信号，造成机组解列，如图 3-27 所示。

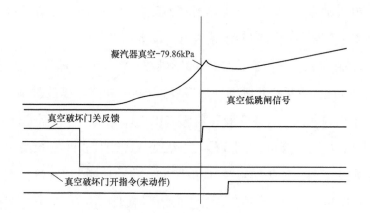

图 3-27　非停前真空下降趋势

分析确认，此次非停的直接原因是真空破坏阀误开造成真空快速下降，保护正确动作，导致汽机跳闸，机组解列。

（2）发生原因。

经查，3 号机真空破坏阀的控制方式分为 DCS 画面手操、二期新集控室硬手操和 MCC 开关柜按钮控制三种方式，控制指令均通过脉冲信号送至 MCC 柜的接触器来控制真空破坏阀的开关。为排查真空破坏阀异常打开的原因，非停发生后开展了以下几项工作进行原因分析：

1）通过历史趋势和操作记录查询，真空破坏阀打开前无 DCS 指令发出且集控室硬手操和 MCC 开关柜按钮也未进行任何操作（监控视频查询）。因此，可以排除运行、检修人员误操作和 DCS 控制逻辑异常的问题。

2）现场对 DCS 控制指令和集控室硬手操至 MCC 的电缆绝缘情况、DCS 控制器电源和模件运行状态、DCS 真空破坏阀指令继电器阻值、MCC 柜接触器线圈和辅助接点阻值、就地电动门控制回路等均进行了检查，均未发现异常。

3）现场检查 MCC 柜的控制端子排，发现控制端子排处有 3 组指令线控制真空破坏阀的开关，而实际设计应为 2 组指令线。对指令线进行传动试验发现，多余一组指令线为仿真机室（原 3 号机组集控室）操作台真空破坏阀硬手操按钮的接线，如图 3-28 所示。

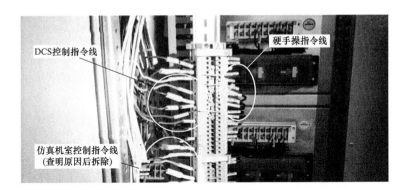

图 3-28　MCC 柜真空破坏阀控制端子排接线

仿真机室是由 2014 年"二期两机一控改造"项目后留下的 3 号机组集控室改造而来，其操作台上的真空破坏阀硬手操按钮是改造后的遗留设备。为验证仿真机室操作台的真空破坏阀硬手操是否可以控制 3 号机组真空破坏阀，现场进行了传动试验，在仿真机室对真空破坏阀硬手操按钮进行操作打开，试验结果显示 3 号机组真空破坏阀关反馈消失，真空破坏阀就地也实际动作。因此，3 号机组运行期间，若仿真机室"真空破坏门"硬手操按钮进行操作，可导致真空破坏阀异常打开。

3 号机组发生非停前，仿真机室正在进行仿真机培训，通过对仿真机室的视频监控检查发现，真空破坏阀异常动作时刻，培训人员正对操作台上的真空破坏阀硬手操按钮进行操作。

检查确认，仿真机室操作台真空破坏阀硬手操按钮在改造后未及时退出 3 号机组控制，造成在仿真机培训过程中 3 号机组真空破坏阀误动，是本次事件的间接原因。

2. 主变压器损坏原因

（1）直接原因。

经调阅故障录波器，13：03，3 号发电机变压器组在自动准同期并网操作过程中，发生了非同期并列，并列时相角差约 150°。

分析确认，发电机变压器组并列过程中发生非同期并列是造成主变压器损坏的直接原因。

（2）间接原因。

1）同期电压回路端子接线不准确。现场检查确认，3 号发电机变压器组保护 C 柜端子排接线存在错误，由 500kV Ⅳ母 PT 引至该柜的二次电压回路 L640 和 Sa640 端子接线顺序不对，极性接反。

2）两次技改后的核相工作未能发现问题。2007 年 5 月 500kV Ⅱ母线分段改造和 2009 年 5 月 3 号机同期装置改造后的同期核相工作存在问题。

3）主变压器曾经受过系统振荡冲击。3 号主变压器为 1996 年制造，设计本身抗短路能力不高，2001 年 11 月 500kV 系统曾发生系统振荡，振荡源较近，2001 年 12 月 26 日，测量高压侧直阻明显增大，吊芯后发现 B 相从下往上数第 31 匝最外股开路并与相邻股短接，2002 年 1 月 18 日修复后试验合格。

（三）暴露问题

1. 机组非停暴露问题

（1）设备异动管理不到位。2014 年的"两机一控"项目改造后，未将 3 号机盘台上真空破坏门手动按钮至 MCC 控制箱控制电缆拆除，在改造后传动试验时也未发现。

（2）隐患排查不彻底。2018 年热工专业管理提升专项活动开展过程中控制回路排查不到位、隐患排查不实不细，未能发现 3 号机真空破坏门回路多余接线未拆除隐患。

（3）技术管理不到位。热工接线图纸在改造后未及时更新，致使检修人员、运行人员未能掌握回路实际情况。

（4）督查工作不到位。热工专项提升活动验收过程中，仅针对三项指标达标情况进行了现场验收，未对各单位热工专业管理进行扩大性排查。

2. 主变压器损坏暴露问题

（1）技术管理存在严重漏洞。

2007 年 500kV Ⅱ母分段为 Ⅱ、Ⅳ母改造，2009 年 3 号机同期装置改造，图纸设计、施工、竣工图管理不完善。如 3 号机发电机变压器组保护图册中"发电机变压器组保护 C 柜左侧端子排图（3）"中 L640 和 Sa640 接线画图不准确，导致 500kV Ⅳ 母 TV 过来的电压回路极性接反；2009 年同期装置更换改造图纸为厂家提供版，未转换成厂内接线图。

2009 年同期装置改造后的核相报告未经签字、审批；500kV 母线分段改造后的试验报告无纸质存档；2014 年 3 号机组大修后的电气试验方案未见签字审批。

上述试验方案、试验过程及结果无跟踪、监控及事后追溯手段，直接导致重要的继电保护工作过程、质量失控，暴露电气二次专业基础管理混乱。

（2）反措执行存在漏洞。

500kV 母线分段改造、同期装置更换改造后，未严格按照《防止电力生产事故的二十五项重点要求及编制释义》的相关规定，做到"对装置及同期回路进行全面、细致的校核"。违反了"二十五项反措"中"防止发电机非同期并网"的要求，导致设备隐患长期不能得以发现和整改，暴露出该电厂反措执行不到位。

（3）人员技术培训不到位。

对继电保护技术人员培训工作重视不足，暴露出图纸管理、试验报告编写、现场隐患排查等技能不高。

（四）防范措施

1. 防止设备异动不彻底的措施

（1）针对此次发生的非停事件，统一梳理并核查所有改造项目后的遗留问题和安全隐患，制定相应整改措施。

（2）按照技术监督制度，完善热工图纸和过程文件的详细记录。

（3）完善 SOE 系统，针对重要的硬手操信号应设置 SOE 记录，便于事故追忆分析。

（4）1～4 号机组真空破坏阀 DCS 控制逻辑中无闭锁功能，建议设置机组正常运行状态下真空破坏阀的开启闭锁，以防止 DCS 画面运行人员误操作。

2. 防止非同期并列的措施

（1）落实管理责任，堵塞管理漏洞。

牢固树立安全生产"全局性地位、基础性作用"的理念，切实履行企业安全生产主体责任，严格落实各级人员的安全生产责任制；充分发挥安全生产"双防机制"的作用，结合当前正在开展的春季安全大检查和"防范重大事故，确保安全稳定"百日行动，重点督查系统各单位制度落实、责任落实情况，坚持"制度管总、行动保障、作风兜底"，对于履职不严、尽责不力的单位和个人，坚持"无后果追究、有后果从重"的原则，严抓严管，坚决惩处，全面堵塞安全生产管理中的漏洞。

（2）落实技术责任，夯实基础管理。

全面落实技术管理责任，全面落实技术领导和技术总负责人制度，充分发挥三级技术监控网络的作用，加强技术监控管理，规范技术审批流程；班组要履行技术管理职责，加大技术人才培养，夯实技术基础管理。

（3）立即开展电气二次专项隐患排查治理。

1）排查各同期装置是否超校验周期，如有应立即开展校验并确保正常。

2）排查各变压器预试是否超周期，预试报告是否合格，如违反预防性试验规定，应立即采取防范措施。

3）排查各发电机、变压器、母线、电压互感器、电流互感器、线路新投入、或一次回路有改动后，并列前是否开展核相，是否开展假同期及采样试验，试验报告是否有异常，如有应立即整改。

4）重点排查防止非同期并列反事故措施落实情况：并列操作票是否正确，是否严格执行"两票三制"；同期继电器、整步表和自动准同期装置，尤其是接入同期装置的电压回路是否完整、接线无误；断路器操作控制回路电缆绝缘是否合格；各待并侧与系统侧相序是否一致。如存在任何异常，应立即排除异常，否则严禁并网。

5）排查全厂控制用直流系统，消除所有接地故障，严禁直流回路混入交流量。

6）排查图纸、规程、定值、逻辑等专业基础管理工作。

案例3-11：接线错误致主变压器冷却器全停保护动作

（一）事件经过

2017年11月2日11:26，某电厂2号机组负荷221.5MW时跳闸。

电子间就地检查发现：发电机变压器组保护A屏程序逆功率保护动作，

发电机变压器组保护 C 屏主变压器风冷全停保护动作，热工保护动作，跳闸首出为发电机变压器组保护 C 屏主变压器风冷全停保护。

变压器区域就地检查发现：2 号主变压器六组冷却器全停，主变压器风冷控制柜控制面板报 1 号、2 号、3 号、4 号冷却器热继动作，主变压器风冷控制柜上"主变压器风冷故障"和"主变压器风冷全停"故障指示灯亮。

（二）检查情况

1. 基本概况

2 号主变压器风冷控制柜型号为：JY-BQFK-Ⅱ W6。控制柜内配有一台 PLC，冷却器的控制逻辑由该 PLC 实现。控制柜出厂日期为 2013 年 8 月，投运日期为 2016 年 11 月。主变压器风冷故障时 1 号、2 号、3 号冷却器投工作位置，4 号冷却器投备用位置，5 号、6 号冷却器投辅助位置。

2. 现场检查情况

（1）主变压器六组冷却器全停，主变压器风冷控制柜控制面板上报 1 号、2 号、3 号、4 号冷却器热继动作，实际检查热继电器均未动作。

（2）主变压器风冷控制柜上"主变压器风冷故障"和"主变压器风冷全停"故障指示灯亮。

（3）冷却器交流控制回路中公用 N 线为元件间串接方式，在继电器 K7-9 端子连接处的线鼻子锈蚀，造成 N 线断路。

3. 保护动作情况

跳闸首出原因为主变压器冷却器故障。发电机变压器组保护 A 屏程序逆功率保护动作，发电机变压器组保护 C 屏热工保护动作，主变压器风冷故障保护动作跳汽轮机，主汽门关闭后，当发电机功率下降到一定值时，程序逆功率保护动作跳开主变压器高压侧断路器并灭磁。

（三）原因分析

1. PLC 报热继电器动作原因

主变压器风冷控制柜 PLC 报热继动作的判据是：当 PLC 对主变压器冷却器发启动指令，但对应的冷却器未启动则判定为该组冷却器热继动作。

2. "冷却器全停故障"故障指示灯亮的原因

经排查发现控制柜内冷却装置控制回路公用 N 线未按照厂家在控制柜说明书中提到的柜内器件中公用线的配线按照从始端开始又到始端结束的原则进行配线。控制回路的 N 线的串接顺序为：N 线母排→中间回路端子排→继电器 K6-12→继电器 K6-11→继电器 K6-10→继电器 K6-9→继电器 K7-10→继电器 K7-9→PLC，末端未与始端进行连接，导致当 K7-9 端子上的 N 线线鼻子锈蚀，造成 PLC 控制冷却器启动的常开点公用 N 线断路，"自动控制"回路控制电源消失，致使主变压器冷却器全停。

3. 冷却器全停故障未发现的原因

主变压器风冷控制柜未将主变压器冷却器全停故障信号送入 ECMS 系统，仅有就地故障指示灯。同时主变压器风冷故障时正好处在运行人员 10 点巡检后（巡检间隔为 2h）。

4. 机组跳闸原因

当冷却器全停故障后，主变压器风冷控制柜开始计时，根据保护定值，如果一小时内冷却器未恢复运行则将跳闸指令送入发电机变压器组保护 C 屏，发电机变压器组跳闸。

（四）暴露的主要问题

（1）隐患排查工作不到位，在日常的停机检查时未能发现设备隐患。

（2）对厂家的资料研究不彻底，未能及时发现控制柜出厂时的问题。

（3）基建期间电厂人员跟踪不到位，冷却器全停信号未上送问题未能及时发现。

（4）没有落实 DL/T 572—2010 中的"有人值班的变电所，强油风冷变压器的冷却装置全停，宜投信号。"

（五）处理及防范措施

（1）对主变压器风冷控制柜锈蚀较严重的接线更换线鼻子并搪锡处理。

（2）查找控制柜控制回路 N 线的末端，将之与 N 线的首端连接，确保不会因为 N 线一点开路而失去控制电源造成冷却器全停。

（3）将六组冷却器控制接触器常闭点串接作为主变压器风冷全停信号引

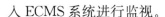

入 ECMS 系统进行监视。

（4）针对本次事故做一次专项排查，对 1 号机组的主变压器和厂用变压器风冷控制柜隐患排查与治理工作计划在本月底完成。在 2 号机组停机后对 2 号机组主变压器和厂用变压器风冷控制柜进行整改。对存在类似接线的重要控制箱以及保护装置进行排查治理。

案例 3-12：110kV 大板桥变电站全站失电事故

（一）事件经过

2009 年 2 月 24 日 10：08，110kV 大板桥变电站 1 号主变压器高后备过流 Ⅱ 段保护动作跳 110kV 东大线 151、110kV 内桥 112、1 号主变压器 35kV 侧 301、10kV 侧 001 断路器，因 110kV 东大茨线停电检修，造成 110kV 大板桥变电站全站失电。由 110kV 大板桥变电站供电的 35kV 红云、乌撒庄、双河变电站全站失电。

（二）原因分析

110kV 内桥 112 断路器的电流互感器引入 1 号主变压器高压侧后备保护的二次回路极性接反，110kV 电压互感器二次并列装置内的切换继电器接点黏死。

（三）暴露问题

（1）施工单位施工质量不高，在进行电流二次回路接线过程中，将 1 号、2 号主变压器高压侧后备保护二次电流回路极性接反；在进行极性测试时，测试方法错误。

（2）2007 年 8 月 11 日和 2007 年 8 月 25 日，继电保护所分别对 1 号、2 号主变压器进行了保护全检，继电保护人员工作不细致，未认真核对二次接线的正确性，未发现 112 断路器电流回路引入 1 号、2 号主变压器高压侧后备保护的二次回路极性接反的情况。

（3）设计单位设计图纸有误：110kV 母线电压并列装置的二次回路中，试验电压抽头未经 151、152 断路器重动继电器的接点，分别直接连接在Ⅰ、Ⅱ段小母线上。运行人员对 112 断路器进行合闸操作后，会造成 110kV 东大线线路电压互感器二次试验绕组与 110kV 东大茨线线路电压互感器二次试验绕组直接并列，当 110kV 东大茨线停电时，可能会导致 110kV 母线电压并列装置内的切换继电器烧损。

案例 3-13：误接线导致母差失灵保护误动

（一）事件经过

2004 年 2 月 24 日 220kV 某变电站 110kV 线路高阻接地（线路断线），导致 220kV 2 号、3 号主变压器中性点过流跳闸，同时，220kV 母差失灵保护动作跳 220kV 断路器（包括 1 号主变压器高压侧断路器），此次事故造成 220kV 变电站全站失电。

事故分析表明：110kV 线路 147 断路器保护正确动作，220kV 2 号、3 号主变压器保护正确动作，但 220kV 母差失灵保护属于误动，保护误动使 220kV 1 号变压器停电，导致 35kV 负荷失电。

（二）原因分析

220kV 2 号、3 号主变压器保护更换施工过程：在进行 1 号主变压器保护更换过程中，施工人员发现主变压器保护动作起动母差失灵保护回路接线错误，及时联系设计人员，设计人员同意更改回路，并将发放 2 号、3 号主变压器的设计更改通知单，但在随后的施工中，设计人员一直未发更改通知单，施工人员即自行更改相关回路，出现更改错误。由于保护人员在进行 1 号主变压器保护装置更换过程中，将 220kV 2 号、3 号主变压器保护启动母差失灵保护的回路接线接错，导致保护出口动作起动元件短接，使母差失灵保护仅变为有流起动，同时存在母差失灵保护装置低电压闭锁继电器接点黏死，导致母差失灵保护误动，引起事故范围的扩大。

（三）暴露问题

（1）继电保护工作人员在对主变压器保护进行改造时，工作责任心不强，未经设计人员发送回路更改通知单，就擅自更改回路接线；在施工完毕后没有认真、细致地检查回路，致使启动失灵回路出现接线错误。

（2）加强保护装置投产前的验收工作，对每一个关键回路都要进行认真、细致地检查。

（四）防范措施

（1）工作负责人要对工程每个环节都认真把握，特别是对关键环节的把握。

（2）在施工过程中要严格按照图纸施工，对回路更改要遵守相关规定，不得擅自更改回路。

（3）工作中要严格按照相关作业指导书施工。

（4）验收过程中要严格把关。

（5）加强员工技术培训。

（6）管理手段上要采取有效措施。

（7）加强工程的技术监督和检验管理，对110kV以上验收所内必须先进行初验，合格后才能申请验收，并且要有试验报告。

二、二次回路接线松动造成保护动作

案例3-14：出口隔离开关信号接线松动致机组跳闸

（一）事件经过

2015年9月24日，某电厂4号机负荷400MW，机组投基础模式，21：22：45盘前BTG辅助盘发出DEH系统参数、发电机变压器组保护装置故障报警，有功功率至零，调门全关，主汽压力升至28.2MPa，PCV阀开启正常。

21：24给水流量低触发，MFT动作，查厂用电切换正常，灭磁断路器动作正常，检查汽机交流润滑油泵启动正常，检查各主汽门、中主门、高调门、中压调门动作情况除TV1反馈7%，其他关闭正常，检查各级抽汽逆止门、电动门动作情况，三抽电动门关故障（通知热工检修就地关闭）、高排通风阀开启故障，其余关闭正常，检查6kV厂用电切换正常，即按跳机事故处理操作。

（二）检查情况

查报警记录，OPC动作、发电机变压器组逆功率t1动作信号。22：20查明发电机变压器组出口隔离开关50436辅助接点在5043汇控柜二次回路接头松动，信号短时中断导致DCS并网信号丢失，OPC动作，汽机调门关小导致给水流量低，触发机组MFT跳闸。

（三）原因分析

（1）直接原因：50436隔离开关位置送DCS信号丢失，导致4号机OPC保护跳闸关闭高调门，启动4号发电机变压器组逆功率保护跳闸。

（2）根本原因：GIS 开关室 5043 汇控柜 4 号机组出口隔离开关 50436 航空插头接头松动，导致 50436 隔离开关位置送 DCS 信号丢失，DCS 并网逻辑判断 4 号机组未并网，引发 OPC 保护动作。

（四）暴露问题

（1）50436 隔离开关位置送 DCS 的两路信号在 5043 汇控柜内的同一航空插头上，任一接点松动将导致机组并网信号丢失。

（2）对 50436 隔离开关辅助接点信号送 DCS 参与逻辑可能产生的风险认识不足，对重点接点检查及维护保养措施不到位。

（五）防范措施

（1）50436 隔离开关送 DCS 两路信号在 5043 汇控柜内的同一航空插头上，信号异常将导致机组跳闸。需优化并网信号的判断逻辑或对回路进行接线改造，防止信号丢失导致的故障出口跳机组。

（2）未优化前，全面排查整改航空插头的紧固情况。

（3）将涉网设备二次接线、回路列入逢停必查内容，定期检查、清理紧固端子接线，防止接线、接头松动。

（4）全面排查电气 GIS 送至 DCS 的信号、回路，制订防范措施，防止单点保护误动。

案例 3-15：二次插头松动引起的故障

（一）事件经过

2020 年 2 月 16 日，某发电厂 11 号机组运行，厂用电源系统为标准运行方式，1 号给水泵运行，2 号给水泵备用，机组发电负荷：有功 65MW，无功 18Mvar。9:42，电气运行人员在进行 6kV 厂用电源定期试验时，6kV ⅠA 段母线失电。电气人员立即抢合 6kV ⅠA 段工作电源 6100 断路器（以下简称 6100 断路器）不成功，再次抢合 6kV ⅠA 段备用电源 6500 断路器（以下简称 6500 断路器）也不成功。9:45，锅炉"汽包低水位"保护动作，主汽门关闭联跳号发电机。

（二）检查情况

1. 查看快切装置记录

6kV ⅠA 段电源定期试验，6kV ⅠA 段由 6100 断路器供电切换为 6500

断路器供电约 1min 后，6500 断路器突然跳闸，6kV ⅠA 段失电。

2. 查看故障录波装置记录

9∶42，6500 断路器跳闸，厂用 6kV ⅠA 段失电；9∶45 主汽门关闭联跳发电机，340ms 后，6kV ⅠB 段备用电源 6600 断路器（以下简称 6600 断路器）自投成功；10∶07，6500 断路器合闸，6kV ⅠA 段恢复供电。3 次故障录波图均显示各电气量正常，无故障特征，波形如图 3-29～图 3-31 所示。

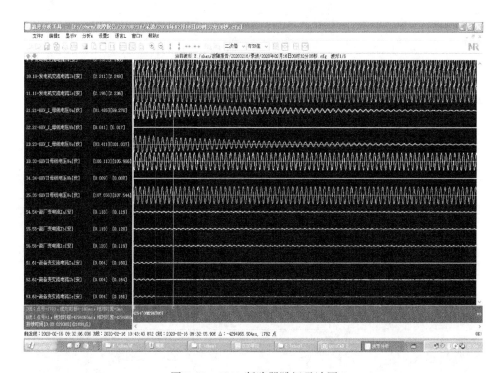

图 3-29　6500 断路器跳闸录波图

3. 检查设备及处理情况

（1）检查 6500 断路器控制回路，发现 6500 断路器跳闸回路的 31 端子带正电，进一步检查为控制电缆（电缆编号 20B-111A）的跳闸回路 20B-111A-6 芯与正电源 20B-111A-3 芯之间的绝缘被击穿，采用备用芯进行替换，全面检查正常后，6500 断路器于 10∶07∶38 合闸成功，6kV ⅠA 段恢复供电。

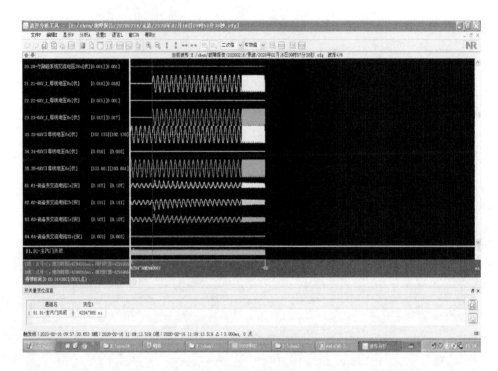

图 3-30　主汽门关闭联跳发电机及 6600 断路器合闸录波图

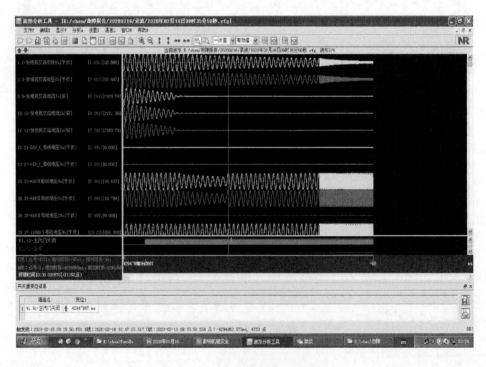

图 3-31　6500 断路器合闸录波图

（2）检查 6100 断路器本体正常，但断路器二次插头有松动现象，经紧固处理后正常。

（3）检查 380V Ⅰ A 段工作电源 41 断路器控制回路，发现 380V Ⅰ 段备自投联锁断路器-SO 的投入位置 1、3 触点接触不良，经打磨处理后正常。

（三）原因分析

1. 机组跳闸原因

6kV Ⅰ A 段失电，1 号给水泵停运，2 号给水泵因其辅助油泵失电未联投，锅炉"汽包低水位"保护动作、主汽门关闭发电机。

2. 6kV Ⅰ A 段失电原因

6kV Ⅰ A 段切换至 6500 断路器供电后约 1min，6500 断路器因跳闸回路的控制电缆芯间绝缘击穿而跳闸，抢合 6100 断路器不成功，6kV Ⅰ A 段失电。

3. 2 号给水泵辅助油泵失电原因

6kV Ⅰ A 段失电后，380V Ⅰ A 段备用电源因联锁断路器触点接触不良未能自动投入，导致 380V Ⅰ A 段失电，给水泵辅助油泵失电。

4. 抢合 6100 断路器不成功原因

6100 断路器二次插头接触不良导致断路器合闸不成功。

（四）暴露问题

（1）设备的巡视及定检执行不到位。运行和检修人员在日常巡视和设备定检过程中未及时发现 6100 断路器二次插头松动、6500 断路器控制电缆线芯绝缘下降及损坏、380V Ⅰ 段备自投联锁断路器触点氧化严重造成接触不良等缺陷。

（2）隐患排查治理不到位。没有意识到汽机专用盘电源存在设计不合理的风险。给水泵辅助油泵电源由汽机专用盘供给，虽然汽机专用盘设计了两路电源供电，但两路电源都取自于 380V Ⅰ 段，当 380V Ⅰ 段失电后，给水泵辅助油泵缺电无法启动，导致给水泵也就无法启动，从而进一步造成了事故的扩大。

（3）无外部授时系统，只采用硬件时钟，保护动作时间差异较大。

（五）处理及防范措施

（1）加强设备巡视检查，加强电气设备逢停必扫、设备定检等工作。针对 6kV 断路器二次插头松动的问题，待设备停运后进行更换处理。在未进行处理前，电气运行人员加强对设备的巡视检查。针对联锁断路器、转换断路器等现场就地设备存在设备氧化、老化等问题，电气检修人员要加强现场就地设备清扫检查，发现问题及时处理。

（2）针对汽机专用盘两路电源设计不合理的隐患，立即制定汽机专用盘电源改造方案，在 380V Ⅱ 段再取一路电源作为汽机专用盘备用电源，保证汽机专用盘可靠供电。

（3）深入开展设备隐患排查治理，强化二次回路隐患排查的力度和频次。严格按照《防止电力生产事故的二十五项重点要求》等要求，结合本次不安全情况，举一反三，全面排查 11 号机组现场设备隐患，各专业形成隐患排查自查表，逐条制定整改方案和防范措施。

（4）加强人员培训。开展电气专项培训，通过画系统图、控制回路图、逻辑图及对照现场设备，熟练掌握设备、装置、系统及其控制保护等相关知识，切实提高电气运行、检修人员的技术技能水平。

案例 3-16：电源接线松动及寄生回路引起故障

（一）事件经过

某公司 5 号机组负荷 285MW，5B 引风机工频运行，2019 年 8 月 26 日 16 时 02 分，5B 引风机工频跳闸，负压异常，手动大格减小一、二次风，立即报告值长。由于负荷较高两台引风机接近全出力运行，且在 5B 引风机闸后炉外脱硫系统塌床造成烟道短时间内通流面积减少，快速调整一次风 32Nm³/h 降到 27Nm³/h、二次风 50Nm³/h 降到 45Nm³/h，仍无法快速恢复炉膛负压。16：03 锅炉 BT 保护动作，联跳 5A 一次风机、5B 一次风机、5A 二次风机、5B 二次风机、5A 引风机，切除所有给煤机及冷渣器和石灰石系统，BT 保护动作首出原因是炉膛压力高二值，16：10 依次启动 5A 引风机、5A 二次风机、5A 一次风机、5B 一次风机，重新组织燃烧，16：25 分依次启动 5A1、5B1、5C1、5D1 给煤机，16：34 依次启动 5A2、5B2、5C2、5D2 开始投煤，17：32 根据负荷情况启动 5B 二次风机、16：47 燃烧工况恢复正常，负荷升至 95MW，处理期间负荷最低降至 35MW。

（二）检查情况

1. 基本概况

5号机组5B引风机动力电源采用变频加旁路设计，DCS上操作界面见图3-32所示，5B引风机电机功率3600kW，2017年结合环保改造项目对两台引风机6kV电机进行更换并增设变频器，每相5个功率模块，变频器配套的干式变压器成套设备于2018年3月投入运行，2019年6月进行小修。

2. 现场检查

（1）断路器状态检查情况。

现场检查发现5B引风机6kV电源断路器QF在合闸位置，5B引风机变频器进线断路器QF1、出线断路器QF2、旁路断路器QF3在分闸位置。

（2）DCS记录检查情况。

检查5B引风机变频器旁路断路器跳闸无DCS相关开入指令及开出指令。

（3）断路器控制回路检查情况。

检查发现电源进线柜控制电源空开Q2接线松动，进一步检查图纸发现变频器控制回路设计存在寄生元件3kA（见图3-32），当控制电源消失时，3kA的常闭结点（见图3-33中833、835）会接通旁路断路器的跳闸回路。

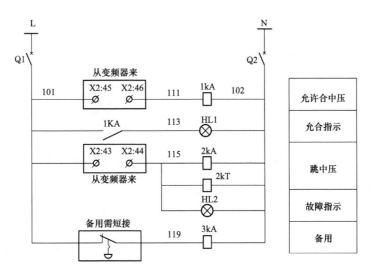

图 3-32 寄生元件 3kA 继电器

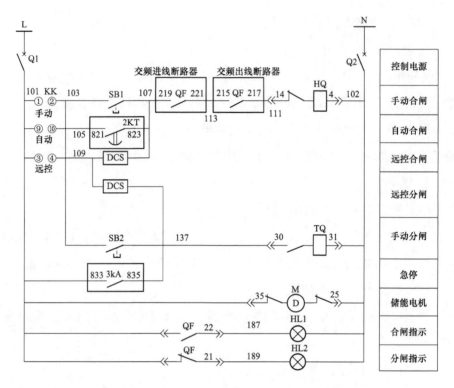

图 3-33 3kA 继电器失电时，动断触点 833、835 接通旁路开关跳闸回路

（三）原因分析

5B 引风机旁路跳闸直接原因为控制电源空开 Q2 接线松动。

5B 引风机旁路跳闸间接原因为 5B 引风机控制回路中存在寄生元件 3kA 继电器，当控制电源失电时，动断触点 833、835 接通旁路断路器跳闸回路，导致 5B 引风机旁路断路器运行中跳闸。

（四）暴露的主要问题

（1）对 5B 引风机变频器的检修维护工作不到位，未定期对控制回路电源空开的接线进行检查紧固。

（2）5B 引风机控制回路设计施工审核不严格，未发现其中存在的寄生回路、空开标识现场与图纸不一致等情况。

（五）防范措施

（1）停机后对变频器控制回路所有接线端子检查紧固，普查现场设备空开标识，确保现场与图纸一致。

（2）取消引风机变频器电源进线柜上 3kA 及相关回路，全面检查图纸，防止寄生设备、回路。

第三节 抗 干 扰 性 能 差

继电保护保护装置及二次回路的干扰，按照干扰信号的频率，可划分为低频干扰和高频干扰两类。低频干扰是指信号频率在工频或倍工频的谐波，以及频率达几千赫兹的振荡信号。高频干扰则有高频振荡和无线信号，甚至还包括类似于雷电波的快速瞬变干扰；继电保护的电磁干扰如果按照形态或信号源组成的等值电路，可划分为共模干扰和差模干扰两种。共模干扰是指发生在回路对地之间的干扰，差模干扰是指回路与回路之间产生的干扰。一般来说，高频干扰和共模干扰容易损坏器件；低频或差模干扰信号容易引起继电保护装置的不正确动作。

案例 3-17：一起主变压器保护动作与处理

（一）事故经过

2001 年 1 月 5 日，某水电厂运行值班员接令进行厂用电的倒闸试验操作。10:18，在分开Ⅱ段厂用电断路器 402 的瞬间，3 号主变压器保护的重瓦斯、压力释放、绕组温度高、油温高等非电量保护同时动作，将运行中的 3B 变压器高、中压侧断路器 2203、103 同时跳开（3 号主变压器低压侧未投运），致使双溪水电厂 3 台 12MW 机组脱离主网。

（二）原因分析

1. 主变压器检查结果

3 号主变压器瓦斯继电器本体内未放出气体；当时绕组温度为 44℃，而绕组温度高保护的动作温度是 120℃；当时变压器上层油温为 44℃，而油温高保护的动作温度是 85℃；压力释放阀周围未见有油溢出。

另取 3 号主变压器本体、油枕、瓦斯继电器油样化验也未见异常。以上检查结果均表明此次 3 号主变压器保护动作的性质应为误动。保护误动的原因可能是装置本身的问题，也可能是外界干扰造成的。事故发生后对 3 号主变压器保护装置做了全面检查，但未发现异常，所以误动的原因只能是外界干扰了。

2. 故障录波图的分析结果

(1) 3 号主变压器高中压侧电压、电流波形都正常。

(2) 3 号主变压器的高中压侧断路器 2203、103 跳闸时间与Ⅱ段厂用电断路器 402 的分闸时间正好吻合。

(3) 3 号主变压器保护动作开关量的录波图是一系列以 20ms 为周期，2~3ms 为脉宽的信号，而工频信号的周期正好是 20ms。

通过对录波图的分析可以确认，造成 3 号主变压器保护误动的原因就是工频干扰源。而工频干扰源要进入 3 号主变压器的非电量保护有 2 种途径，①通过控制电缆进入，②通过直流电源系统进入。

3. 检查控制电缆

3B125 电缆将重瓦斯、轻瓦斯、压力释放、绕组温高、油温高等开关量信号从 3 号主变压器引入 3 号主变压器保护。正常运行情况下测量 3B125 电缆每根芯线的对地电压，发现 19 回路对地有 220V 交流电压（3 号主变保护的接点 19，29 的作用是启动备用冷却器）、重瓦斯回路对地有 32V 的电压、其他回路对地有 10~12V 的电压。即 3B125 电缆中有交、直流回路同时存在的情况，这种设计是与反事故措施的规定相抵触的。将 19、29 回路同时从 3 号主变冷却器控制箱交流电源侧解开，再对 3 号主变压器的重瓦斯、轻瓦斯、压力释放、绕组温高、油温高等回路进行测量，结果这些回路的交流干扰电压消失了，说明应避免将交、直流回路安排在同一根电缆里，否则会给保护的直流逻辑回路引入交流干扰信号。从重瓦斯 05 回路加入工频交流电压，并从 0 起升压，当电压升到 130V 时，3 号主变压器的重瓦斯、压力释放、绕组温高、油温高这 4 个非电量保护立即动作，与 1 月 5 日的情况一致。

倒换 3 号主变压器冷却器的工作电源（由Ⅰ、Ⅱ段厂用电供应），模拟厂用电的倒闸操作，以观察倒换操作时交流干扰信号会不会增大到使保护误动。结果发现不管怎么倒换 3 号主变压器冷却器的工作电源，其非电量保护就是不动作，说明 3 号主变压器保护误动并非由于 3B125 电缆同时存在交、直流回路而引起。引起 3 号主变压器保护误动的交流干扰信号也不会是电缆外界的电磁场，因为所有电缆都有铜屏蔽，并且屏蔽层都已两端接地。

4. 直流系统检查

正常运行时测量 3 号主变压器保护的直流工作电源并未发现有交流分量，但倒换厂用电操作中，切开Ⅱ段厂用电断路器 402 时，却从 3 号主变压器保护的直流工作电源中测到了 220V 的交流电源分量。220V 直流电源中的 220V 交流电源是从何而来的呢？2001 年 1 月 20 日，运行值班员在进行事故照明电源的切换时 3 号主变的重瓦斯、压力释放、绕组温高、油温高，这 4 个非电量保护再次动作。幸好此时 3 号主变压器非电量保护的出口已经解开，未造成误跳 2203、103 断路器的事故。再做事故照明电源的切换试验时，从 3 号主变压器保护直流工作电源中测量到了 220V 的交流电源的分量。某水电厂的事故照明电源由 380V 三相交流电源和直流 220V 电源组成。平时由交流电源供电，当交流电源消失时自动切换为 220V 直流电源供电。事故照明的交流电源由Ⅱ段厂用提供，当Ⅱ段厂用电断路器 402 分闸时，事故照明因交流电源消失而自动切换至由 220V 直流供电，而不幸的是在事故照明的 A 相交流回路中存在寄生的由Ⅰ段厂用提供的交流 220V 电源，此寄生的交流电源并未因 402 断路器的分闸而消失，并在全厂 220V 直流系统中引入了 220V 的交流电源分量，使 3 号主变压器非电量保护因此而误动。

（三）处理及防范措施

3 号主变压器保护发生误动，跳开 2203、103 断路器的事故原因是电厂事故照明系统的交流回路中存在寄生的交流电源，寄生解除后事故隐患就排除了。电厂必须吸取教训，加强对事故照明系统的管理，严禁在事故照明系统的交流回路中接入任何其他负荷或电源。

建议改造事故照明系统，取消事故照明的交流部分，增设一套独立的常规照明系统，正常情况下由交流供电的常规照明系统提供照明，在常规照明系统的交流电源消失后，自动切换为由直流供电的事故照明系统提供照明，以彻底消除寄生交流电源对直流系统、保护装置的影响。

建议厂家对 LEP-974C 非电量保护装置作一些改进，以提高其抗干扰能力。通过此次检查还发现 3 号主变压器保护电缆内同时存在交、直流回路隐患，必须增设电缆将交流控制回路独立出来。

案例 3-18：高频干扰

（一）事件经过

1999 年 8 月 4 日 18：59，发电厂 1 侧 L1 线路出口 A 相避雷器爆炸，造成 A 相永久故障，二套主保护均正确起动，故障录波器显示 70ms A 相断路器跳闸，再经 45ms B、C 二相断路器跳闸，没有重合，三跳信号是微机型保护装置发出的。发电厂 2 侧 L1 线路二套主保护装置及重合闸装置动作正确，故障后 70ms A 相断路器跳闸，该线路采用顺序重合闸，即发电厂 1 侧重合成功后发电厂 2 侧重合，可减少发电厂 2 大机组的故障冲击，由于发电厂 1 侧 L1 线路已三相跳闸，发电厂 2 侧 L1 线路故障相没有电压，线路三相没有电流的条件成立，立即三相跳闸，动作正确。由于是永久性故障，两侧保护三跳未造成严重后果，但发电厂 1 侧保护在单相故障情况下未重合而三跳是不正确的。

（二）原因分析

发电厂 1 侧 L1 线微机保护装置打印出的故障报告：A 相故障电流持续时间 85ms，实际故障录波器波形图显示 A 相故障电流持续时间为 70ms 切除故障，这 15ms 的差值是微机保护装置的内部时延。故障后 25ms 距离保护段动作，95ms 后返回。故障后 75ms 出现 10ms 的开放三相跳闸脉冲，此时距离保护 I 段尚未返回，随即发出三相跳闸脉冲，115ms 非故障相 B、C 两相断路的跳闸、见故障报告及图 3-34 的故障过程图。

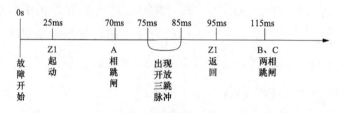

图 3-34　故障过程图

事故后分别作静态模拟 A、B、C 瞬时单相故障联动断路器试验，误跳三相的概率很高，随后用记忆示波器在微机保护装置内开放三跳的接口光耦 7 上测量干扰电压，发现在模拟故障相单相跳闸时，单相断路器辅助触点切断跳闸线圈电流的瞬间，光耦 7 上有干扰脉冲电压，如图 3-35 所示。

直流电源电压 220V，干扰脉冲幅值超过 110V 时间有 5～10ms 时间，光耦动作电压为 50%UH，内部延时 6.25ms，无法躲过干扰脉冲而三相跳闸。

断路器辅助触点切断跳闸线圈直流电流的瞬间，跳闸线圈中的储存能量需释放，通过杂散电容（导线间的耦合电容 C、抗干扰电容 C）形成高频谐振回路，将 C 充电到高电压。

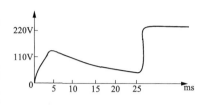

图 3-35　光耦 7 上的干扰电压

电容 C 上电压和电源电压，使初始拉开的辅助触点闪络（冒火），直到触点距离拉大而终止。每次触点冒火，都会在回路中产生暂态干扰，通过电磁耦合对同一电源系统相近的其他回路产生严重的电磁干扰。光耦 7 的对外接线同微机保护屏到断路器的 A、B、C 相跳闸控制电缆间线长约 400m，在保护屏内的小线是扎在一起的，因而，断路器辅助触点切断跳闸线圈电流瞬间产生高频干扰，通过相近的线间电容 C，耦合到光耦 7 上的干扰电压很高，光耦 7 动作，误开放三相跳闸，如图 3-36 所示。

（三）处理及防范措施

为了 L1 线尽快送电，当时将备用光耦 6 同光耦 7 并联使用，以此降低输入阻抗，从而降低耦合干扰电压，同时加大光耦的动作能量，如图 3-37 所示，录波证明干扰电压的幅值和波宽均减小了，多次模拟单相故障试验正常，不发生单相故障误跳三相。

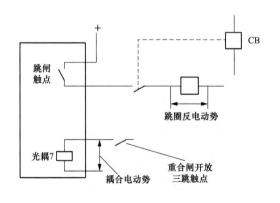

图 3-36　干扰电压源

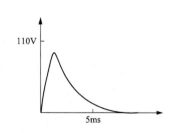

图 3-37　光耦 6 与 7 并联后的干扰电压

案例 3-19：辅助触点切断合闸电流引起干扰

（一）事故经过

2000 年 7 月 8 日，某 220kV 变电站一条 220kV 线路 C 相发生雷击故障，二套 REL-551 光纤纵差保护、一套接地距离Ⅰ段、零序方向Ⅰ段 100ms 后 C 相断路器跳闸，经 1700ms 后 C 相断路重合成功（有负荷电流），再经 30ms 后无故障三相路闸，此时没有保护动作的三相跳闸信号，在 FCX-11C 操作箱内第一组和第二组三相跳闸灯亮，合闸灯亮。

（二）原因分析

事故后拟故障，做联动断路器试验，C 相瞬时故障 C 相跳闸，C 相重合成功后立即三相跳闸，FCX-11C 操作箱内二组三相跳闸灯亮，重合闸灯亮，同 7 月 8 日故障时情况相同。随即在 FCX-11C 操作箱拔去 STJ 手跳继电器，再模拟 C 相瞬时故障，C 相跳闸，C 相重合成功，一切动作均正常。测 STJ 动作电压为 120V 正常（直流电源 220V）。用录波试验仪用录波试验仪对操作屏幕内小线进行监测，再次模拟 C 相瞬时故障，由录波图上发现通道 11（起动 STJ 小线）在合闸脉冲消失瞬间有一个正跃变干扰脉冲，该脉冲幅值为 220V，脉宽为 6ms。

STJ 是小密封继电器，其动作电压为 $0.6U_e$，动作时间 5ms 左右。当电压为 220V，脉宽为 6ms 的干扰脉冲进入后，足以使 STJ 手跳继电器动作误跳三相。干扰源是 C 相断路器重合闸后断路器辅助触点切断合闸电流瞬间产生的，合闸线圈中的储能通过杂散线间电容 C 形成高频谐振回路，对线间电容 C 充电到高电压，使辅助触点"冒火"，直到触点距离拉大而终止。每次触点"冒火"都会在回路中产生暂态干扰，通过电磁耦合对同一电源系统相近的其他回路产生严重的磁干扰。该线路的断路器三相不一致保护在断路器操动机构内形成，其跳闸电缆返回到保护室操作屏 FCX-11C 操作箱内起动 STJ，这根控制电缆很长，且与断路器合闸操作回路在同一根控制电缆内，两线间电容 C 很大，另外在操作屏和 FCX-11C 操作箱内这些小线也是捆扎在一起，在切断合闸电流的瞬间，产生的暂态干扰电压，通过线间电容 C 耦合来的差模和共模干扰，使 STJ 动作，误跳三相。在模拟试验过程中将操作屏后小线松开逐一检查是否有绝缘损伤，没有发现异常后重新捆扎，此后再做试验，STJ 不再误动。说明各小线间的杂散电容有变化，干扰电源的切入点有改变，STJ 感受到的干扰电压的幅值和脉宽变小而不会起动。

（三）防范措施

（1）跳闸、合闸的小密封继电器线圈上不宜接有很长的小线及控制电缆，防止线间电磁干扰而误起动。

（2）手跳继电器不宜用小功率快速动作的继电器，可使用动作时间稍慢且动作能量大的电磁型继电器，提高抗干扰能力。

（3）接到断路器跳闸、合闸的控制电缆应同继电保护跳闸及开放三相跳闸的屏内连线尽量远离布置。

案例 3-20：保护装置超期服役引起的抗干扰性能差

（一）事件经过

2019 年 1 月 9 日，某电厂 1 号机组"厂级 AGC"方式运行，汽机"顺阀"方式，1、2 号小机运行，电泵备用，1～5 号磨煤机运行，1～5 号磨烧褐煤，班中无重大操作。

21:12:17.252，1 号脱硫系统增压风机比率差动保护动作，增压风机跳闸；12:18.590（12 分 18 秒 590 毫秒）1 号脱硫 FGD 保护动作（FGD 保护动作首出：增压风机跳闸）；12:21（12 分 21 秒）1 号炉 MFT 保护动作（MFT 保护动作首出：FGD 保护动作），1 号锅炉熄火，机组与系统解列。经现场检查无故障，2019 年 1 月 10 日 4:04 时启动 1 号增压风机运行。7:23 时 1 号机组再次并网。

（二）检查情况

1. 机组概况

该公司在役两台 2×300MW 机组。锅炉为 DG1025/18.2-Ⅱ13 型亚临界、一次中间再热、自然循环、全钢悬吊结构、π 型布置、平衡通风、燃煤固态排渣炉（含烟气脱硝装置 SCR）。

（1）汽轮机为 N300-16.7/537/537-8 型亚临界一次中间再热凝汽式汽轮机组。

（2）发电机为 QFSN-300-2-20B 型三相二极式汽轮发电机。

DCS 系统采用 MAXDNA 系统。

1 号增压风机采用沈阳电机股份有限公司生产的型号为 YKK800-8G-W 的三相异步电机，电机差动保护装置采用东大金智 2006 年 2 月生产的 WDZ-

431 型电动机差动保护装置,与配套的 WDZ-430 电动机综合保护测控装置共同构成增压风机的全套保护。

2. 现场检查情况

1 号增压风机电动机差动保护动作(见图 3-38),1 号脱硫 FGD 保护动作,(FGD 保护动作首出:增压风机跳闸),1 号脱硫系统 FGD 保护动作 1(送主机)、1 号脱硫系统 FGD 保护动作 2(送主机)、1 号脱硫系统 FGD 保护动作 3(送主机)三个送主机的信号触发 12 分 21 秒 1 号炉 MFT 保护动作(MFT 保护动作首出:FGD 保护动作)。

图 3-38　差动保护装置动作情况

3. 电气及 DCS 检查情况

(1)电气检查情况。

二次设备于 2016 年 6 月 23 日进行过检验,检验合格。电动机机端 TA 与中性点 TA 同极性接入差动保护装置,二次 N 在 6kV 1 号增压风机开关柜端子排上一点接地。一次设备于 2014 年 7-9 月、2017 年 10 月 16 日停电进行预防性试验,电机为 2006 年 1 月生产的型号为 YKK800-8G-W 的三相异步电机,额定电流 362A。中性点 TA 为 2006 年 2 月生产的 AS12/1506/45 型,变比 500/5。机端 TA 为 AS12/150b/4S 型,变比为 500/5,预防性试验均合格。

1 号增压风机 C 相比率差动保护动作,差动动作电流值 1.09A,整定值 1A,电动机额定电流整定值 3.33A,差动速断整定值 26.60A,比率制动系数整定值 0.4,电动机启动时间整定值 20s,比率差动动作时间整定 0.06s,保护动作记录见图 3-38。

电气人员用 2500V 摇表分别对增压风机电机、电缆进行相间及相对地绝缘测试，绝缘值为 1200MΩ/30MΩ。电机、电缆三相（A\B\C）直阻测试分别为 129.6mΩ、129.7mΩ、129.4mΩ，机端 TA 及中性点 TA 未见明显异常痕迹。1 号增压风机开关柜内高压侧 TA 二次回路、电机中性点侧 TA 一、二次回路检查无异常、绝缘合格。开关柜内端子排接线及保护装置二次回路接线紧固。对 WDZ-431 保护装置外加电流检查，采样偏差不大于 5%，同时施加端电流和中性点侧二次电流，保护装置差流为 0，差电流及和电流显示正确。

（2）DCS 历史曲线检查情况。

由于电动机差动保护没有录波功能，1 号增压风机两侧电流也未接入故障录波，通过调取 1 号增压风机接入的工作段上的 6kV 高厂用变压器低压侧进线 A 分支进线断路器的故障录波看，进线断路器电流无明显波动。再调取 DCS 历史趋势，发现 6kV 工作段进线电压三相平稳正常无波动现象，6kV 工作段进线断路器 A、C 相电流基本平稳无明显大的波动，吸收塔增压风机 A、C 相电流平稳无波动，锅炉负荷变化不大。1 号增压风机跳闸 3s 启动 FGD 保护动作。

2019 年 1 月 9 日晚通过一系列的方法手段查找，一次设备未发现明显的故障点，差动保护采样及动作正确，未找到故障原因，启动 1 号增压风机运行，电动机保护装置差电流及和电流显示正常。1 号增压风机保护装置采样电流见图 3-39。

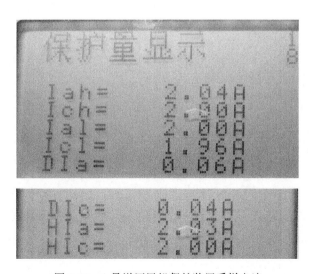

图 3-39　1 号增压风机保护装置采样电流

（三）原因分析

（1）停机原因：FGD 保护动作，触发机组跳闸。

（2）FGD 保护动作原因：1 号增压风机比率差动保护动作跳闸。

（3）1 号增压风机比率差动保护动作跳闸原因：

分相比率差动保护通过保护装置采集电动机 A、C 相的端电流和中性线电流，计算出差电流和电流。

$$\dot{I}_\Sigma = (\dot{I}_1 + \dot{I}_2)/2 \quad \dot{I}_d = \dot{I}_1 - \dot{I}_2 \tag{3-1}$$

其动作判据为：

$$I_d > I_{set}, t > t_{dz}(I_\Sigma \leqslant I_e)$$

$$I_d - I_{set} > K(I_\Sigma - I_e), t > t_{dz}(I_\Sigma > I_e)$$

式中　I_e——电动机额定电流值（A）；

　　　I_d——电动机差电流幅值（A）；

　　　I_Σ——电动机和电流幅值（A）；

　　　I_{set}——整定的差动保护最小动作电流值（A）；

　　　K——整定的比率制动系数；

　　　t_{dz}——整定的差动保护动作时间（s）；

　　　t——差动保护实际动作时间（s）。

从动作判据中可以看出，保护的动作特性如图 3-40 所示。

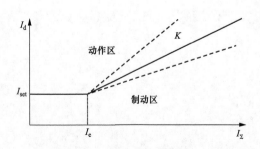

图 3-40　电动机比率差动保护动作特性

综上检查结果未发现一次设备故障原因，1 号增压风机电机差动保护从生产到 2018 年 2 月已超过 12 年，由于运行时间长，装置老化，抗干扰能力低，导致电动机差动保护动作。

（四）暴露的主要问题

（1）保护装置投运时间较早，运行时间长，装置存在老化现象。

（2）按 DL/T 995—2016《继电保护和电网安全自动装置检验规程》规定，微机保护部检周期时间 2-4 年，这对于运行时间已超 12 年的保护来说，对指导检验工作存在局限性。

（3）保护装置没有录波功能，给事故分析带来困难。

（五）处理及防范措施

结合公司防非停管理办法，强化防非停组织管理，制定年度"防非停"计划，并组织各生产部门人员学习，严格落实相关措施。

在 1 号机组运行期间，加强设备巡视，对 1 号增压风机保护装置电流进行巡检，及时跟踪设备运行情况。

立即对 1 号增压风机差动保护装置的定值进行优化，整定值按 DL/T 1502—2016《厂用电继电保护整定计算导则》上规定的上限值进行整定。

1 号机组停机后，对 1 号增压风机保护装置进行更换。对 1 号增压风机一次动力电缆、电动机进行耐压试验，过电压保护器进行预试，对电动机机端及中性点 TA 外观进行检查并进行伏安特性试验。

根据相关要求保护装置运行年限不宜超过 12 年。因特殊原因运行超过 12 年的保护装置应每年定检，运行超过 15 年的保护装置必须停运。定检按 DL/T 587—2016《继电保护和安全自动装置运行管理规程》的要求，检验的重点应放在微机继电保护装置的外部接线和二次回路。

逐步对重要设备且运行时间超 12 年，运行不稳定、工作环境恶劣的保护装置进行更换。

第四节 TA、TV 及其二次回路的问题

一、TA 接地和开路的问题

电流互感器的二次回路应有且只能有一个接地点，宜在配电装置处经端子排接地，由几组电流互感器绕组组合且有电路直接联系的回路，电流互感器二次回路应和电流处一点接地。电流互感器的二次回路不宜进行切换，当

需要时，应采取防止开路的措施。

案例 3-21：TA 接线工艺不良引起开路

（一）事件经过

1. 事件前运行方式

2019 年 2 月 14 日，4 号机组运行，负荷 180MW、主汽压力 13.1MPa、主汽温 542℃、再热汽压力 2.26MPa、再热汽温 539℃、炉膛压力－82Pa、氧量 2.5％。2 号给水泵、2 号凝结水泵运行，1、2 号引风机运行、1、2 号送风机变频运行，1、2 号一次风机工频运行，1、2、3、5 号制粉系统运行，4 号制粉系统备用，发电机 A 相电流 6522A、B 相电流 6829A，C 相电流 6790A，转子电压 320V，转子电流 1472A，有功 180MW，无功 90Mvar。

2. 事件经过

2019 年 2 月 14 日 10：02，4 号发电机有功摆动，有 180MW 突降至 152MW，10：09 有功由 120MW 至 180MW 之间波动，发电机 A 相电流 6522A 降至最低 200A，并来回剧烈摆动。

10：18 4 号发电机本体处有烟雾，值长令立即打闸停机。

（二）检查情况

1. 基本概况

4 号发电机的电流互感器分为机端 TA 和中性点侧 TA，均为测试发电机定子电流，发电机电流二次回路从电流互感器本体先引至发电机定子 TA 槽盒，然后引至就地端子箱。发电机中性点侧 TA 除保护用 TA 外，另外配置了测量用 TA，此次事故主要是发电机测量 TA 回路开路导致。

2. 现场检查情况及试验

（1）现场发变组保护装置，发电机变压器组保护柜显示为"外部重动 1""外部重动 3"保护动作，其他电气量保护均未显示动作。外部重动 1 跳闸为热工保护，外部重动 3 跳闸为失磁联跳。机组为手动紧急停机（见图 3-41）。

（2）发电机中性点侧 TA 检查情况，在机组有功功率摆动情况时，现场运行人员发现发电机中性点 TA 侧槽盒有着火冒烟现象。可以判断故障为发电机 TA 发生了 TA 开路问题。

图 3-41　发电机变压器组保护动作情况

　　机组停机后，对发电机本体中性点侧槽盒进行了检查，发现了 4 号发电机本体中性点 A 相测量 TA 多股引出线与接线鼻子压接处烧断。现场检查其他 TA 多股引出线接线鼻子，压接处均未灌锡，并且发现有 B 相测量 TA 多股引出线接线鼻子压接处松动。

　　（3）检查 DCS 系统中负荷波动情况。现场调取 A 相电流波动大，如图 3-42 所示，由 6522A 至 200A 之间波动，而同时发电机变压器组保护电气量保护未动作，证明实际一次中 A 相电流未发生波动，仅是发电机 A 相测量回路发生了异常，如图 3-43 所示。

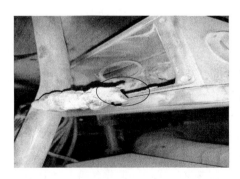
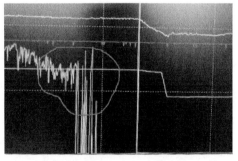

图 3-42　4 号发电机本体中性点 A 相测量　　图 3-43　DCS 系统发电机 A 相电流波动情况
TA 多股引出线与接线鼻子压接处烧断

（三）原因分析

（1）机组停机原因为运行人员发现发电机 TA 槽盒着火冒烟，手动紧急停机。

（2）手动停机原因为机组 A 相电流和功率波动，发电机 TA 槽盒着火冒烟。

（3）机组 A 相电流和功率波动，发电机 TA 槽盒着火冒烟的原因为运行中 TA 回路开路。

（4）TA 开路原因：TA 多股引出线接线鼻子，压接处未灌锡，TA 多股引出线接线鼻子压接处松动，回路断开。

（四）暴露的主要问题

（1）设备管理不到位。机组投运时、大小修过程中均未对发电机 TA 引出二次回路进行检查，导致隐患长期存在。

（2）规程执行有漏项。大小修常规工作未能按 DL/T 995—2016《继电保护检修规程》严格执行，对电流回路未进行全面检查，紧固螺丝。

（五）处理及防范措施

（1）4 号发电机 24 个 TA 48 个多股引出线压接鼻子重新压接，并灌锡加固处理。

（2）对其他机组 TA 多股引出线压接鼻子利用停机机会进行检查处理，对不能进行立即处理的，进行红外测温，检查是否有过热情况。

案例 3-22：TA 二次回路接地致保护误动作

（一）事件经过

2019 年 12 月 11 日 18：00，某电厂 1 号机组负荷 300MW 并网运行，DCS 显示发电机机端电流 A 相 8935A、B 相 9034A、C 相 8985A，主变压器高压侧电流 A 相 687A、B 相 696A、A 相 702A（如图 3-44 所示）。18：30：14 1 号发电机变压器组主变压器差动保护动作，1 号机组跳闸，屯大 I 回断路器 201 跳闸，灭磁断路器跳闸，厂用电切换成功。

（二）检查情况

1. 现场检查情况

经运行人员检查，1 号机组发电机变压器组保护 A 柜（CPU A 和 CPU B 主变压器差动同时动作）主变压器差动动作，发电机变压器组保护 B 柜和 C 柜保护装置没有任何保护出口记录。

（1）通过检查事故追忆 SOE 系统，未发现异常。一次设备检查正常，机炉正常。

（2）1 号发电机变压器组保护装置动作情况检查，发电机变压器组 A 柜（CPU A 和 CPU B 主变压器差动同时动作）主变压器差动动作，发电机变压器组 B、C 柜无任何动作信息。通过调取发电机变压器组保护 A 柜装置主变压器差动动作录波数据，显示发电机机端二次侧瞬时峰值 A 相电流 2.12A、B 相电流 4.18A、C 相电流 4.17A，且机端二次电压正常，98V。

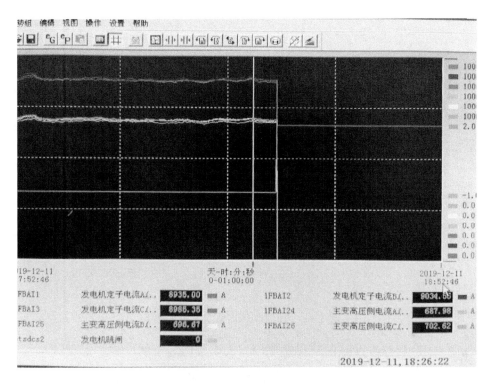

图 3-44　DCS 画面

（3）检修专业人员对发电机变压器组录波器进行检查，1 号发电机变压器组 A 柜保护装置主变压器差动动作启动发电机变压器组故障录波器，故障录波器显示发电机机端 A、B、C 三相电流波形平衡，1 号主变压器高压侧电流 A、B、C 三相电流波形平衡，均未发现异常。

（4）检查保护装置柜内接线无松动发热等现象。对主变压器高压侧套管和电流互感器进行检查，未发现异常。对发电机出线和机端电流互感器及接线进行检查，未发现异常。检查发电机就地端子箱内电流端子未发现发热现象，但在紧固电流端子线时发现发电机机端 A 相电流端子（线号：1FB-169-A4091）有明显松动现象，能轻易将接线从端子中取出，通过接线表面打磨后再紧固端子（如图 3-45 所示）。用继电保护测试仪对电机机端对 A、B、C 三相加 4A 电流进行

图 3-45 电流 A 相接线松动

测试,发电机变压器组 A 柜内采样值显示正常,没有出现 A 相电流偏低的现象。最后对发电机机端电流二次电缆进行绝缘测试,电缆对地绝缘 500V 摇表,绝缘合格。

通过以上现象和数据分析判断:

(1) 一次电气相关设备未发生故障,且发电机变压器组 B 柜与 A 柜主变压器差动分别使用两台独立的电流互感器绕组(如图 3-46 所示),两者没有电气连接,所以 B 柜没有保护出口。

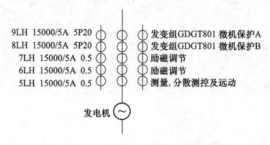

图 3-46 A、B 柜采用独立的 TA 绕组

(2) 检查一次设备未发现异常,二次设备电缆绝缘、保护装置采样测试均合格。只发现发电机就地端子箱内机端 A 相电流端子松动,估计松动导致接触电阻上升,A 相电流下降,分析为主变压器差动保护动作的原因(调停后的试验论证这一结论不成立)。

2019 年 12 月 12 日 12:00 左右向中调调度台开始申请点火开机,发电机空载过程中未发现一、二次设备异常。于 2019 年 12 月 12 日 12:50 左右并网,运行 10h 左右,发变组保护 A、B 柜参数均显示正常。接中调调令 2019 年 12 月 12 日 11:00 点前停机,因事故原因不成立,需要进一步查找。

2. 调停后检查情况及分析

为了彻底查清故障原因,结合 12 月 11 日检查情况,逐一重新排查。

(1) 机组录波器情况,主变压器差动保护动作,发电机机端 A、B、C 三相电流波形平衡,1 号主变压器高压侧电流 A、B、C 三相电流波形平衡,均未发现异常。

（2）1号发电机变压器组保护装置动作情况检查，发电机变压器组 A 柜（CPU A 和 CPU B 主变压器差动同时动作）主变压器差动动作，保护 A 装置录波数据显示，发电机机端二次侧瞬时峰值 A 相电流 2.12A、B 相电流 4.18A、C 相电流 4.17A，且机端二次电压 98V，正常。

（3）先后采用 500V 和 2500V 绝缘摇表对发电机机端电流互感器接线盒至就地端子箱、就地端子箱至保护屏柜之间 A、B、C 电流二次回路电缆进行绝缘测试，电缆对地绝缘大于 500MΩ；绝缘合格。

（4）用继电保护测试仪模拟端子松动试验。在机端端子箱 A4091、B4091、C4091 端子和 N4091 分别加上电流 4A，逐步进行松动 A4091 端子，在保护屏上分别显示 3.98、3.97、3.97A，说明 12 月 11 日分析因端子松动引起主变压器差动保护动作不成立（如图 3-47 所示）。

图 3-47 试验证明 A 相电流接线松动不是电流减小主要原因

（5）检查发电机机端 A 相电流互感器侧接线时，发现在 A 相电流互感器电缆 A 线和 N 线均有绝缘破损，用酒精将电缆擦干净后发现铜芯裸露在外（如图 3-48 所示）。

（6）用继电保护测试仪模拟，分别进行三种状况下模拟试验论证：

A 相电流互感器二次 N 线直接接地试验。采用保护测试仪器接线，采用 N 相经金属直接接地，A、B、C 三相电流进行模拟加电流 4A，在 1 号发电机就地端子箱内 N 金属接地，1 号发电机变压器组保护 A 柜 A、B、C 三相电流采集值分别为 3.9871A、3.9796A、3.9646A，说明 N 线接地无影响。

A 相电流互感器二次 A 线直接接地试验。接地方式采用保护测试仪器按图所示接线，采用 A 相经金属直接接地，A、B、C 三相电流进行模拟加电流 4A，在 1 号发电机就地端子箱内 A 金属接地，1 号发电机变压器组保护 A 柜 A、B、C 三相电流采集值分别为 0.7779A、3.9796A、3.9721A，说明 A 线直接接地影响较大。

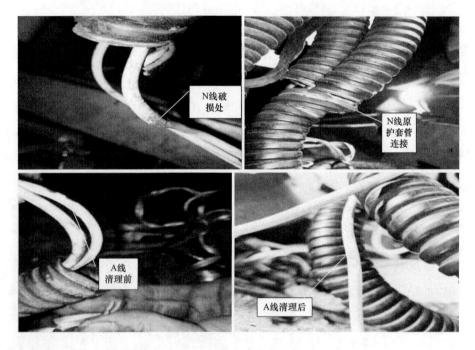

图 3-48　电缆绝缘破损部分

端子箱 A 相电流互感器二次回路 A 与 N 线用波纹套管金属部分短接试验，金属部分阻值 0.2 欧。采用保护测试仪器接线，在发电机机端 A、B、C 三相电流加电流 4A，A 与 N 用金属线套管金属部分短接，1 号发电机变压器组保护 A 柜 A、B、C 三相电流采集值分别为 1.9524A、3.9721A、3.9721A，说明此试验结果是与故障时刻电流比较接近。

（7）保护装置的检查。

再次用继电保护测试仪模拟故障时电流校验主变压器差动保护，机端 A、B、C 三相电流加 3A，采样值分别为 2.977A，主变压器高压侧 A、B、C 三相加电流 3.09A，采样值分别为 3.07、3.07、3.09，突降机端 A 相电流降至 1.455A，主变压器差动保护正确动作，结合厂家分析报告说明保护装置无问题。

（8）在发电机机端 A 相电流互感器电缆故障点处，原现场相对比较凌乱，油污灰尘较多，但现已清理，只能当前相对较好环境下还原故障前的工作情景，做现场模拟试验。在电缆起点（接 A 相电流互感器接线端子）加模拟电流，在互感器接线盒与金属电缆槽盒之间的破损点模拟接触包金属管，加入电流后在 A 套保护装置采样通道观察到故障点有分流现象，A 套保护主变压器差动保护正常动作。

通过模拟试验检查，A 线和 N 线破损部位通过波纹管金属部分形成回路，经金属槽盒接地，发电机变压器组 A 套保护主变压器差动动作。

（三）原因分析

（1）停机原因：1 号发电机变压器组保护 A 柜主变压器差动动作，触发机组跳闸。

（2）1 号发电机变压器组保护 A 柜主变差动动作原因：发电机机端 A 相互感器二次侧回路电缆有绝缘破损，与金属软管接触短接，导致发电机机端 A 相电流有 2A 分流，引起主变压器高压侧 A 相电流与发电机机端 A 相电流差流达到 1.594A，超过主变压器差动保护定值，造成主变压器差动保护动作。

1）电缆破损的原因通过现场勘查发现，一是基建安装工艺不过关，存在盘剥线的过程中损伤电缆芯线，加上此部位长期处于振动位置，与金属软管的金属部分长期摩擦，最终导致 A 线与 N 线通过波纹管金属部分形成回路导通经过金属槽盒接地；二是日常维护、巡检工作开展不够仔细，没有及时发现芯线绝缘破损。

2）综合以上检查情况、12 月 12 日机组并网运行和一系列模拟试验，说明保护装置无问题及电气一次设备无问题，该保护动作的原因是发电机机端 A 相互感器二次侧回路电缆有绝缘破损，与金属软管接触短接，导致发电机机端 A 相电流有 2A 分流，引起主变压器高压侧 A 相电流与发电机机端 A 相电流差流达到 1.594A，超过主变差动保护定值，造成主变压器差动保护动作。

3）第一天未发现绝缘问题的原因：一是根本未考虑到金属线套管里电缆破损，按常规思维进行检查；二是靠经验进行，没有仔细思考；三是夜间照明不好，不易发现。

4）主变压器差动装置动作行为分析：A 相制动电流未达到拐点，按启动值动作，A 相差流 $I_{da}=1.594$（A），已大于差动启动定值 $I_q=1.42$（A），满足差动动作条件。B 相、C 相基本无差流，未动作，与保护装置事件记录一致。

5）发电机差动未动作原因：发电机差动采用循环闭锁出口方式，当单相出现差流时，需要负序电压解除循环闭锁（即改成单相出口方式）。发电机三相电压平衡没有负序电压，单相差流发电机差动不动作。

（四）暴露问题

（1）检修人员技能不足，不能及时发现问题。

（2）第一次检查工作不够仔细，未及时发现发电机机端 A 相电流互感器电缆破损接地现象，导致问题未得到彻底解决。

（3）检修管理不到位，过程管理不严，标准要求不高。

（五）处理及防范措施

（1）发电机机端 A 相电缆破损的地方进行绝缘处理，同时检查其他两相电流的电缆。将金属套管更换成塑料套管，避免因振动导致金属划伤电缆，已完成。

（2）按 DL/T 587—2016《继电保护和安全自动装置运行管理规程》7.3 条的要求，进行保护装置检验时，应充分利用其自检功能，主要检验自检功能无法检测的项目。检验的重点应放在微机继电保护装置的外部接线和二次回路。

（3）加大人员的学习培训力度，提高检修人员发现问题和解决问题的能力。

（4）强化检修维护管理，在检修规程作业书中增加针对振动区域加大二次回路隐患排查的力度和频次等相关内容。

（5）利用停机机会对塑料套管进行检查，发现有破损现象立即进行更换。

二、TV 接地和短路的问题

电压互感器二次侧不允许短路。由于电压互感器内阻抗很小，若二次回路短路时，会出现很大的电流，将损坏二次设备甚至危及人身安全。电压互感器可以在二次侧装设熔断器以保护其自身不因二次侧短路而损坏。在可能的情况下，一次侧也应装设熔断器以保护高压电网不因互感器高压绕组或引线故障危及一次系统的安全。为了确保人在接触测量仪表和继电器时的安全，电压互感器二次绕组必须有一点接地。因为接地后，当一次和二次绕组间的绝缘损坏时，可以防止仪表和继电器出现高电压危及人身安全。

案例 3-23：发电机出口 TV 匝间短路造成保护误动作

（一）事件经过

2018 年 8 月 28 日 13：55 22 号机组发电机正常运行，电负荷 160MW，22

号机组主汽压力 8.7MPa，22 号机组主汽温度 537℃，23 号炉主汽流量 320t/h，24 号炉主汽流量 320t/h，三段工业抽汽流量 89t/h。

13：55 11，22 号机组主断路器 222 跳闸；励磁跳闸；汽轮机跳机；联跳 23 号、24 号炉；23 号、24 号炉焖炉；厂用电切至 1 号启备变压器运行。

（二）检查情况

1. 设备概况

22 号机组发电机型号 50WX23Z-109，容量为 200MW，静子电流 7547A，发电机出口电压互感器型号 JDZX16-20。

2. 保护动作检查情况

查阅发电机变压器组保护装置技术说明书、定值单及接线图纸。发电机中性点零序电压 $3U_0$ 与机端零序电压 $3U_0$ 同时达到定值时，且 CPU A 与 CPU B 同时动作时，保护动作出口。现场发变组保护 A、B 屏发电机定子接地保护机端 $3U_0$ 达到 11.28V，中性点 $3U_0$ 达到 10.06V，大于保护设定值 8.66V，0.5s 后发电机变压器组保护出口动作。

3. 故障录波器检查情况

（1）查阅故障录波器录波文件，如图 3-49 所示，可以清晰看出发电机变

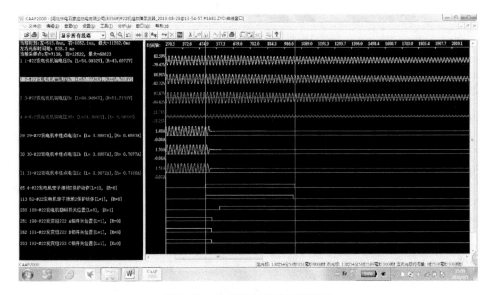

图 3-49　22 号机组故障录波记录

图 3-50 发现发电机机端电压
互感器 323-7A 外观图

压器组保护 A、B 屏定子接地保护同时动作。保护动作前，22 号机发电机 A 相电压二次值 54V，B 相电压二次值 57.27V，C 相电压二次值 64.55V，发电机零序电压二次值 11.35V，发电机机端电压中性点偏移。

（2）调取 22 号机族 DCS 发电机电压电流趋势，与故障录波装置显示基本一致。

4. 发电机出口电压互感器检查情况

（1）外观检查。现场通过对发电机机端及中性点电压互感器外观检查，无明显异常，如图 3-50 所示。但发现发电机出口电压互感器 323-7A 相间隔有轻微异味。

（2）试验检查。测量 323-7A 相电压互感器绝缘电阻，一次绕组对地绝缘大于 1000MΩ。对其进行直阻测试，阻值为 1.036kΩ，与其他电压互感器阻值比较偏小，如表 3-1 所示。对其进行感应耐压试验测试，无法升压，详细内容见表 3-2 所示。可判定为电压互感器内部一次绕组存在匝间短路故障。

表 3-1　　　　　　　发电机机端电压互感器直阻测试

编号	数值（kΩ）	编号	数值（kΩ）	编号	数值（kΩ）
321-7A	1.131	321-7B	1.158	321-7C	1.144
322-7A	1.359	322-7B	1.334	322-7C	1.336
323-7A	1.036	323-7B	1.113	323-7C	1.121

表 3-2　　　　　　　发电机机端电压互感器 3 倍频测试

编号	电压（V）	电流（A）	编号	电压（V）	电流（A）	编号	电压（V）	电流（A）
321-7A	58V	0.18A	321-7B	57.1V	0.21A	321-7C	57.6V	0.21A
322-7A	57.9V	0.2A	322-7B	57.1V	0.23A	322-7C	57.9V	0.19A
323-7A	1.7V	0.9A	323-7B	58.5V	0.19A	323-7C	57.8V	0.18A

（3）查阅上次电压互感器 323-7A 相试验及本年度试验，均满足规范相关要求。

（4）故障相电压互感器解体检查暂未开展，需要厂家到场配合进行故障点查找工作。

（5）对非故障相电压互感器进行绝缘、值阻、感应耐压试验均满足规范相关要求。

5. 发电机其他相关内容检查情况

（1）检查发电机中性点接地电阻柜、发电机出口避雷器等设备，均无异常，绝缘测试合格。

（2）对发电机定子进行绝缘测量，绝缘合格。

（3）对发电机直流电阻测试均合格。

（4）对发电机出口电压互感器二次回路绝缘测试，结果合格。

6. 发电机出口电压互感器处理情况

将故障组别的发电机出口电压互感器三相全部更换，并委托外部研究机构依据行业规程开展相关预试试验，结果合格。

（三）原因分析

（1）22 号机组停机的主要原因是由于发电机机端 323-7A 电压互感器匝间短路，导致发电机变压器组保护 A、B 屏发电机定子接地保护同时动作。发电机变压器组保护动作灵敏，迅速切除故障，没有导致故障范围的扩大，厂用电快切装置动作正确。

（2）发电机出口电压互感器产生内部匝间短路故障的直接原因为电压互感器设备绝缘问题。

（3）发电机出口 323-7A 电压互感器存在制造缺陷。在制作过程中，环氧树脂浇筑时不易渗透到绕组层间，层间存在气隙，虽然经出厂及交接试验合格，但随着运行时间的延长，局部放电量逐步增大，使绝缘逐步劣化，最终导致绝缘击穿发生匝间短路。一次绕组发生匝间短路时，电压互感器的励磁特性发生变化，引起发电机定子绕组的三相电压不平衡，造成机组停机。

（四）暴露的问题

发电机出口电压互感器存在一定的质量问题，一次绕组绝缘缺陷，长期使用后产生匝间短路。

（五）处理及防范措施

（1）在机组检修时，对发电机出口电压互感器进行绝缘电阻测试、直流电阻测试、耐压试验、局部放电试验和励磁特性试验等项目，发现有异常及时处理。

（2）加强电气人员技术技能培训，及时了解其他厂家发生的设备故障信息，做好设备隐患排查工作。

案例 3-24：TV 一次熔丝慢熔引起保护误动

（一）事件经过

2019 年 4 月 5 日 23：34，3 号发电机定子电压 29.2kV，定子电流 12567A，励磁电流 5536A，发电机变压器组保护 B 柜"过激磁反时限"保护动作，机组跳闸。更换 9 只发电机出口电压互感器保险，修改励磁调节器内部防慢熔逻辑参数由 5% 改为 3%，并模拟在 3% 的参数下能完成通道切换，3 号机组于 4 月 6 日 17：42 并网。

（二）检查情况

1. 设备概况

3 号机组于 2018 年 11 月 16 日投入商业运行，发电机变压器组保护采用的 DGT801U 数字式发电机变压器组保护装置，电气量保护双重化配置。发电机变压器组保护 A、B 柜为发电机保护，发电机变压器组保护 C、D 柜为变压器保护，发电机变压器组保护 E 柜为非电量保护。

发电机出口电压互感器选用的是 JDZX1-27 产品。TV1 用于匝间保护专用；TV2 用于发电机变压器组保护 A 柜、故障录波器、励磁调节器通道 1；TV3 用于发电机变压器组保护 B 柜、励磁调节器通道 2。

一次熔断器采用型号为 RN2-35/0.5，额定电压 35kV，2018 年 1 月生产。

励磁调节器为 UNITROL 6800 型产品。

2. 现场检查情况

（1）发电机变压器组保护 A 柜动作信息。

现场查看发电机变压器组保护 A 柜动作信息，2019 年 4 月 5 日 23：26：07 发 "TV 断线"信号。查看装置定值，当相间压差达到 6V 时比较普通 U_2，如果

普通 $U_2>0.5$V，保护装置报普通 PT 断线，发出信号；如果普通 $U_2<0.5$V，保护装置报专用 TV 断线，闭锁匝间保护。

查看 23:26:07 发电机变压器组保护 A 柜 CPUA 数据：零序电压 $3U_0=0.0$V；零序电压 $3U_{0.3w}=6.672$；压差 $\Delta U_{ab}=6.0039$V，压差 $\Delta U_{bc}=5.9627$V，压差 $\Delta U_{ca}=0$V，普通 $U_2=2.8392$V；CPUB 数据：零序电压 $3U_0=0.0$V；零序电压 $3U_{0.3w}=6.6547$；压差 $\Delta U_{ab}=6.2301$V，压差 $\Delta U_{bc}=6.1273$V，压差 $\Delta U_{ca}=0.0822$V，普通 $U_2=3.5383$V。达到 TV 断线定值，保护发信正确。

（2）发电机变压器组保护 B 柜动作信息。

现场查看发电机变压器组保护 B 柜动作信息，2019 年 4 月 5 日 23:26:14，发电机变压器组保护 B 柜"过激磁定时限动作"发信。查看发电机变压器组保护 B 柜"过激磁定时限动作发信"整定值为电压 $U/f=1.07$ 倍，tf1 动作时间 5s。查看 4 月 5 日 23:26:14 发电机变压器组保护 B 柜 CPUA 数据：电压 $U/f=1.07$ 倍；CPUB 数据：电压 $U/f=1.0701$ 倍。电压 $U/f>1.07$ 倍，保护发信正确。

2019 年 4 月 5 日 23:34:13，发电机变压器组保护 B 柜过激磁反时限动作，3 号机组跳闸。查"过激磁反时限动作跳闸"整定值为电压 $U/f=1.08$ 倍，tf1 动作时间 83s。查看 4 月 5 日 23:34:13 发电机变压器组保护 B 柜 CPUA 数据：电压 $U/f=1.0808$ 倍；CPUB 数据：电压 $U/f=1.0807$ 倍。电压 $U/f>1.08$ 倍，保护动作正确。

（3）发电机变压器组故障录波器动作信息。

查阅故障前故障录波器启动录波波形（4 月 5 日 17:43:24 101.2ms 10kV-B 相电流突变录波），发电机 TV2 B 相 58.59V，三相电压平衡且幅值正常，说明 TV2 B 相的一次熔断器完好，见图 3-51。

查阅 23:26:07 故障时录波文件，由发动机 TV 断线开关量启动录波，起动时刻，TV2 电压值：$U_a=58.88$V、$U_b=53.22$V、$U_c=58.21$V；起动时刻有功 638.171MW、无功 80.635MVar。详见图 3-52、图 3-53。

查阅 23:34:13 故障时录波文件，由发动机过激磁保护开关量启动录波，起动时刻，TV2 电压值：$U_a=62.95$V、$U_b=55.24$V、$U_c=62.21$V；有功

622.047MW、无功 426.486Mvar。见图 3-54、图 3-55。

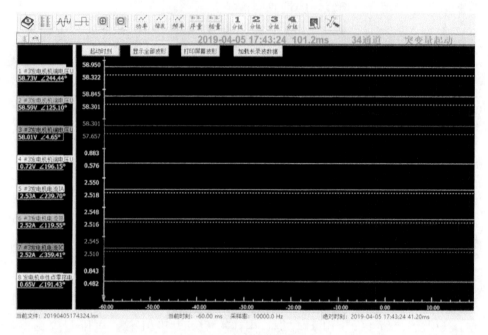

图 3-51　故障前波形图

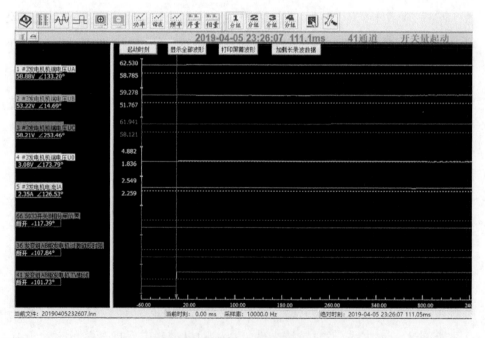

图 3-52　TV 断线故障时波形图

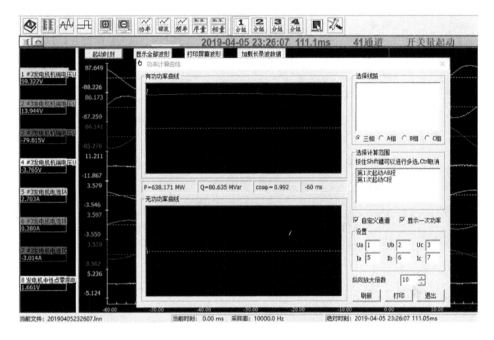

图 3-53 TV 断线故障时波形图

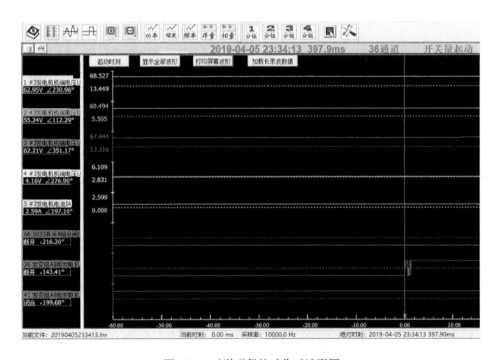

图 3-54 过激磁保护动作时波形图

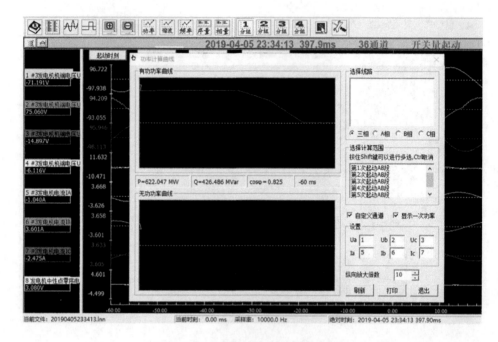

图 3-55　过激磁保护动作时波形图

（4）励磁调节器检查情况。

就地检查励磁调节器显示面板，4 月 5 日 23∶32∶27（时钟对时不准）励磁调节器接收到外部跳闸指令（发电机变压器组保护出口动作，励磁调节器收到外部跳闸指令，进行逆变灭磁）。

励磁调节器慢熔逻辑检查，3 号机组励磁调节器采用机端电压与同步电压或备用通道机端电压进行比较检测 TV 慢熔。当备用通道的机端电压比运行通道的机端电压高且差值超过设定参数 5%；本通道的同步电压比机端电压高且差值超过设定参数 5%，通过与门出口延时 2s 出口启动 TV 断线接口并通道切换。

（5）发电机出口 TV 柜检查情况。

现场检查发电机出口电压互感器一次熔断器，其额定电压为 35kV，额定电流为 0.5A，见图 3-56。对一次熔断器进行测试分析，TV2 B 相的一次保险阻值不通，其余 8 只阻值均在 388Ω 左右，测量发电机定子绝缘合格，出口 TV 绝缘、变比测量正确。查阅资料及咨询厂家，故障熔丝材质为康铜。对故障熔丝进行解体检查，发现其内部熔丝已熔断，见图 3-57。

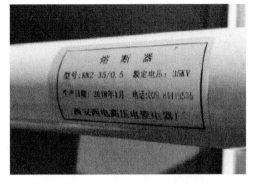

图 3-56 一次熔断器参数

图 3-57 一次熔断器熔丝

（三）原因分析

（1）机组停运的直接原因是：发电机变压器组保护 B 柜"过激磁反时限"保护动作。

（2）发电机变压器组保护 B 柜"过激磁反时限"保护动作的原因是：过激磁达到保护动作定值，保护动作出口跳闸。

（3）发生过激磁的原因是：发电机出口 TV2 B 相二次电压降低，由 58V 降低至 53V，励磁系统未能判别该组 TV 出现慢熔现象，未进行励磁通道切换，按照 PID 继续调节发电机出口电压，自动增磁来满足发电机出口电压要求，导致发动机出口电压达到 29.2kV，使 U/f 达到 1.08 倍的过激磁保护反时限定值。

（4）励磁系统未能判断 TV 慢熔的原因：工作通道电压 $U_a = 62.95V$、$U_b = 55.24V$、$U_c = 62.21V$；与备用通道和同步电压差值达到 4.15％，内部防慢熔逻辑未达到设置参数（5％），未能判断 TV 慢熔故未启动通道切换。

（5）TV 发生慢熔的原因：选用熔丝规格（0.5A）偏小，较大电流长时间通过（解体发现熔丝熔断处黑色）。

（6）发电机变压器组保护 A 柜"发电机 TV 断线"保护发信原因：发电机出口 TV2 B 相 TV 一次熔丝出现慢熔，TV2 B 相 TV 电压降低，达到保护定值，保护动作属于正确动作。

（四）暴露的主要问题

（1）励磁系统参数设置不合理，虽然已对励磁慢熔造成跳机进行反措，但反措执行过程中未能彻底消化并严格执行。

（2）电厂内部反措执行不到位，新投产机组的 TV 一次熔断器未按已运行机组（1、2号）标准使用 1A 规格的产品，默认随设备配置的 0.5A 规格熔断器。

（3）新机组隐患排查不彻底，存在的问题：①TV 断线信号未连到 DCS 光字牌，无法显示提醒运行人员；②故障录波器模拟量和开关量未能显示；③励磁系统时钟对时不准确。

（4）运行人员事故处理能力有待加强，未能及时发现机组无功、励磁电压等电气模拟量大幅度增长异常现象并及时排查处理。

（五）处理及防范措施

（1）已经将使用的 0.5A 规格 TV 一次熔断器全部更换为规格为 1A 的，励磁调节器内部防慢熔逻辑参数由 5% 修改为 3%，并模拟新参数试验，能够完成通道切换，机组启动并网运行。

（2）举一反三隐患排查，重点是将要投入商业运行的 4 号机组，避免同类问题重复发生。

（3）利用机组停机机会，及时消除新机组已知存在的缺陷，对可能存在问题进行隐患排查。

（4）研究优化励磁调节器内部防慢熔逻辑参数，使防慢熔参数、V/Hz 限制、过激磁保护配合合理，确保机组安全稳定运行。

（5）严格把关 TV 一次熔断器的产品质量，检查出厂报告、熔丝熔断特性曲线、合格证、生产厂家、生产日期齐全。

（6）制定 TV 一次熔断器维护制度，定期更换发电机出口 TV 一次熔断器，定期对将要投运机组 TV 一次熔断器阻值进行测量，测量数据比较分析，避免存在隐患熔断器投入运行。

（7）加强电气技术人员技能培训，提高运行人员的事故处理能力，提高检修维护人员的异常现象的分析能力，做好设备隐患排查工作。

第四章 运行和维护的问题

近年来,随着发电企业和电网建设的不断发展,各单位均面临日常保护校验以及对老旧设备改造以及新设备或变电站扩容等相关改造,在日常校验或改造施工过程中,因错误接线造成的继电保护的拒动、误动甚至造成电网波动的事故也不断增加,本章介绍的典型事故对发电企业或变电站在保护检修、改造,以及日常巡视检查应注意的事项具有普遍借鉴意义。

第一节 运行年限久的问题

微机继电保护装置的使用方式,决定了其需要长时间的通电运行,由于受现场的高温、湿度以及粉尘等因数影响,其内部元器件会加速老化,所以微机继电保护装置需要定时检测、调试,及时发现问题,排除问题,保障供电安全性。微机继电保护装置有一个使用期限,超出了期限即使还能用,也还是应该更换新的,尽最大可能地杜绝事故的发生。

案例 4-1:某电厂智能断路器脱扣器运行年限久发生故障

(一) 事件经过

2018 年 8 月 10 日 20:40,某电厂 2 号机组负荷 67MW,AGC 投入运行,各参数正常,机组稳定运行。厂用电及主要辅机运行方式为:6kV Ⅱ 段由工作电源供电、400V 工作 Ⅱ 段由工作电源供电、400V 公用段由工作电源供电,2-1 给水泵、2-1 凝结泵、2-1 内冷水泵、2-2 真空泵、3 号循环泵、2-1 炉后升压泵、2-1 引风机、2-2 引风机、2-1 送风机、2-2 送风机、2-2 一次风机、2-1 一次风机、2-3 磨煤机、2-4 磨煤机、2-1 低加疏水泵在运行状态。

2018 年 8 月 10 日 20 时 40:44，运行人员进行倒磨操作，启动 2-2 密封风机。

2018 年 8 月 10 日 20:40:49，2 号机组 DCS 发锅炉 MFT 报警，MFT 保护动作跳闸，发电机解列，锅炉灭火。MFT 首出为全燃料丧失。

2018 年 8 月 11 日 3:05，2 号机组恢复并网。

(二) 检查情况

(1) 就地检查发现 400V Ⅱ段工作电源智能断路器处于跳闸位，断路器脱扣器上显示 I_f 接地保护动作，动作电流 1848A。备用电源智能断路器处于合闸位。

(2) 将 400V Ⅱ段工作电源智能断路器摇出到试验位置，检查脱扣器内各个参数，发现 A、B 两相指示为 0A，但 C 相电流指示在分闸状态下为 220A，将脱扣器断电再上电后依然显示 200A 左右电流。

(3) 检查 400V Ⅱ段工作电源智能断路器脱扣器保护定值，接地保护动作电流整定值 I_{r4} 为 1904A，且与定值单核对无误，保护定值单见图 4-1。查看 KST45-2H 智能脱扣器说明书，不对称接地故障保护动作特性为：工作电流 $I \leqslant 0.9 I_{r4}$ 时，保护不动作；$I \geqslant 1.1 I_{r4}$ 时，保护延时动作；保护精度为 $\pm 10\%$，保护动作在定值边界，属于正常。

编号：2号机0.4kV厂用-001

所属系统	设备名称	发布日期	更改期限
0.4kV系统	工作段JXW1系列断路器	2017-07-10	——
1. 工作段工作及备用电源进线开关 长延时定值： I_{r1}=2381A 短延时定值： I_{r2}=8053A 接地定值： I_{r4}=1904A		长延时间： t_1=120s 短延时间： t_s=0.2s 接地时间： t_s=0.4s	
2. #1真空泵 长延时定值： I_{r1}=168A 瞬时定值： I_{r3}=1344A 接地定值： I_{r4}=134A		长延时间： t_1=120s 接地时间： t_s=0.4s	
3. #1低加疏水泵 长延时定值： I_{r1}=168A 瞬时定值： I_{r3}=727A 接地定值： I_{r4}=100A		长延时间： t_1=120s 接地时间： t_s=0.4s	
4. #1密封风机 长延时定值： I_{r1}=182A 瞬时定值： I_{r3}=1600A 接地定值： I_{r4}=145A		长延时间： t_1=160s 接地时间： t_s=0.4s	
5. #2密封风机 长延时定值： I_{r1}=182A 瞬时定值： I_{r3}=1600A 接地定值： I_{r4}=145A		长延时间： t_1=160s 接地时间： t_s=0.4s	

图 4-1　400V Ⅱ段进线断路器保护定值

（4）检查 400V Ⅱ段工作电源智能断路器本体一、二次回路，外观无明显异常，接线牢固，绝缘良好。

（5）检查 400V 工作Ⅱ段备用电源自动投入装置，模拟量、开关量显示正常，装置动作记录见图 4-2。

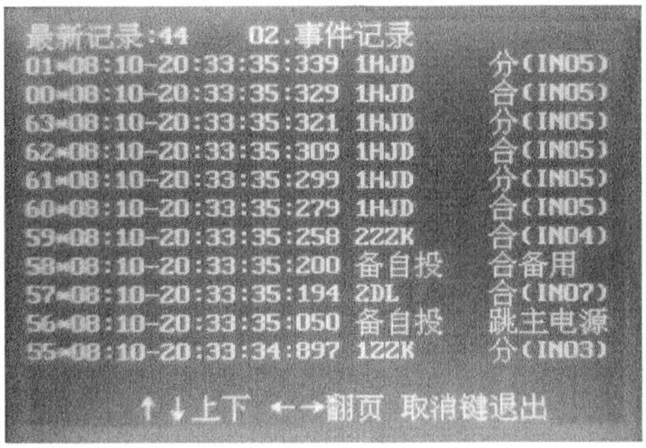

图 4-2　400V Ⅱ段备自投装置动作记录（未对时）

（6）检查 400V Ⅱ段负载，2-1 内冷水泵、2-2 真空泵、2-1 低加疏水泵、2-1 炉后升压泵和 2-2 密封风机均自启动正常。现场了解得知电气班组为配置断路器的大电机控制回路增加了双位置继电器，实现了失电自启动功能。

（7）检查发现 2-3 密封风机、2-4 密封风机智能断路器处于跳闸位，均为 I_{r3} 瞬时保护动作。密封风机功率 $P＝75kW$，额定电流 $I_n＝139A$，瞬时保护定值 $I_{r3}＝1600A$，满足要求。现场检查两台密封风机 I_{r3} 动作值均在 1700A 左右，分析认为密封风机无出口挡板，启动时为带载启动，且在 400V Ⅱ段恢复供电时，控制回路加装了双位置继电器的电机同时自启动，母线电压下降到 340V，密封风机启动电流大于正常启动电流，I_{r3} 瞬时保护动作，DCS 画面显示电气故障。

（8）测量 4 台密封风机电动机绝缘和直阻，并检查机械部分，未见异常。

（9）检查磨煤机电控柜电源配置。4 台磨煤机电控柜均设计为 1 路电源供电，取自 400V Ⅱ段（2-1、2-2 磨煤机电控柜电源取自 400V ⅡA 段，2-3、2-4 磨煤机电控柜电源取自 400V ⅡB 段）。

（10）检查磨煤机润滑油泵控制回路，油泵为交流控制接触器送电，控制回路见图 4-3。

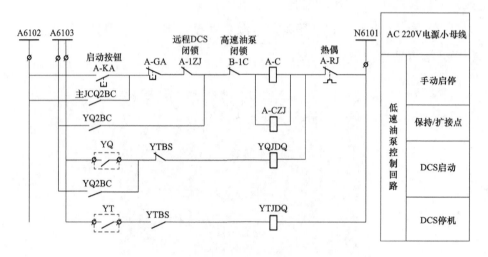

图 4-3　润滑油泵控制回路

（11）检查给煤机电源配置及控制。4 台给煤机均设计为 1 路电源供电，取自 400V 给煤机 MCC。400V 给煤机 MCC 设计有两路电源，取自 400V Ⅱ段（400V ⅡA 段、400V ⅡB 段各 1 路）。

（三）原因分析

（1）机组停机原因：锅炉 MFT 保护动作。

（2）MFT 保护动作原因：全燃料丧失。

（3）全燃料丧失原因：磨煤机全停。

（4）磨煤机全停原因：磨煤机润滑油站油泵跳闸，油泵启动状态消失且润滑油站油压低。

（5）磨煤机润滑油站油泵跳闸原因：400V Ⅱ段工作进线智能断路器脱扣器 C 相采样故障，造成在大电机启动过程中不平衡电流过大，接地保护动作，断路器跳闸，400V Ⅱ段备用电源自动投入装置动作，0.5s 后备用电源进线断路器合闸恢复供电。但由于磨煤机电控柜为单电源设计，且油泵为交流控制接触器送电，在失电 0.5s 时间内，接触器跳开且无再启动回路或逻辑，导致磨煤机润滑油泵跳闸。

（四）暴露的主要问题

（1）2 号机组于 2007 年投产至今，400V Ⅱ段工作电源进线断路器已运行 11 年，断路器脱扣器内部电子元器件可靠性和稳定性能变差，导致运行中智能断路器控制器 C 相电流采样故障，在启动 2-2 密封风机时，不平衡电流过大使零序保护动作。

（2）磨煤机电控柜设计只有一路电源，无备用电源，电源配置不可靠。

（3）磨煤机润滑油泵无自启动功能。在电源恢复后不能自启，最终导致磨煤机跳闸。

（五）处理及防范措施

（1）更换发生故障的工作电源进线断路器脱扣器，检查其他主要辅机智能断路器脱扣器运行状态，并逐步进行更换。

（2）加强运行中重要厂用 400V 段进线断路器的巡检和隐患排查工作。

（3）联系厂家尽可能为断路器脱扣器增加电流不平衡报警功能，为及时发现故障创造条件。

（4）为磨煤机电控柜增加一路备用电源，并装设自动切换装置以实现工作电源和备用电源之间的快速切换，提高供电可靠性。

（5）对磨煤机润滑油泵控制回路进行改造，增加一个断电延时时间继电器，用其延时打开接点代替图 4-3 中自保持回路所用 A-1ZJ 常开接点，以实现在类似故障情况下油泵再启动。

第二节　巡检不到位的问题

由于继电保护装置在电力系统中的特别作用，需要保护装置在遇到异常和故障情况时完成它的重要使命，所以对我们来说继电保护装置的日常维护就显得非常重要，装置正常运行才能保证故障时能够正常响应。

案例 4-2：巡检观察窗不合理无法及时发现隐患

（一）事件经过

2019 年 4 月 10 日 19:30，某公司 1 号机组正常运行。机组负荷 202MW，主汽压力 12.77MPa，主汽温度 539℃，再热蒸汽温度 537℃，主蒸汽流量 647t/h；6kV 1A 段电压 6.1kV，电流 723A，6kV 1B 段电压 6.02kV，电流 1355A，AGC 投入；1-1、1-3、1-4 磨煤机运行，1-1、1-2 一次风机、引风

机、送风机运行；1-2 给水泵，1-1 凝结泵运行，各辅机 380V 各段正常运行。19：35，1 号机组 AGC 负荷指令 210MW，启动 1-1 给水泵（在 1 号机 6kV IA 段，给水泵启动正常后 6kV IA 段电流 1133A），就地检查无异常。

19：40：39，1 号机组 DCS 收到发电机变压器组保护 A、B 屏"高压厂用变压器 B 分支零序过流 t_2"动作信号，发电机解列灭磁，汽机停机，锅炉 MFT，厂用电源 6kV 1A 段快切装置启动并切换成功，6kV 1B 段切换闭锁，6kV 1B 段母线失电。1-2 给水泵、1-2 引风机、1-1、1-2 一次风机、1-2 送风机、1-2 闭式泵、1-1 磨煤机、1-3 磨煤机、1-4 磨煤机等重要辅机跳闸，6kV 1A 段电压 6.19kV，电流 1133A（1 号机 6kV 1A 段快切正常），6kV 1B 段电压 0V，电流 0A（高压厂用变压器 B 分支零序过流 t1 保护启动闭锁 1 号机 6kV 1B 段快切装置）。

（二）检查情况

事故发生后，立即组织检修相关人员对 1 号机组电气系统进行排查。检查发现：发电机变压器组保护 A、B 屏"高压厂用变压器 B 分支零序过流 t_2"保护动作为机组首出跳闸原因。机组事故停机过程中各系统工作正常，故障录波器可靠启动录波，录波文件完整齐全。

（1）锅炉 MFT 可靠动作，原因为汽机 ETS 跳闸。

（2）汽轮机 ETS 可靠跳闸，原因为高压厂用变压器 B 分支零序过流 t_1-t_2 保护动作出口关主汽门，ETS 跳闸停机。

（3）DCS 历史曲线检查情况。

停机后，检修人员调取 DCS 历史曲线发现，1 号机组停机首出为"高压厂用变压器 B 分支零序过流 t_2 保护动作"，保护出口关主汽门，导致汽轮机 ETS 动作跳闸、锅炉 MFT，整个机组机、炉、电停机联锁逻辑正常，且 DCS 动作与发电机变压器组保护装置动作出口相符合。DCS 历史曲线见图 4-4、图 4-5。

由 DCS 电气历史曲线分析可知，从故障开始到保护动作出口跳闸机组全停，整个故障过程（6kV IB 段 A 相电流发生波动）经历 30s 左右，其间 A 相故障点（变压器侧动静触头处）发生了多次间歇性的闪络接地，直至保护出口跳闸停机。

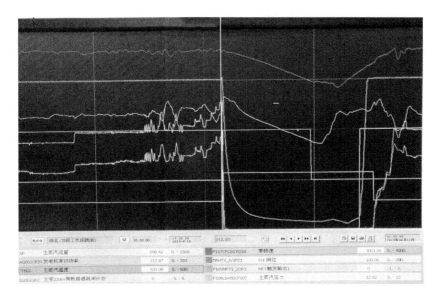

图 4-4 事故 DCS 热工历史曲线

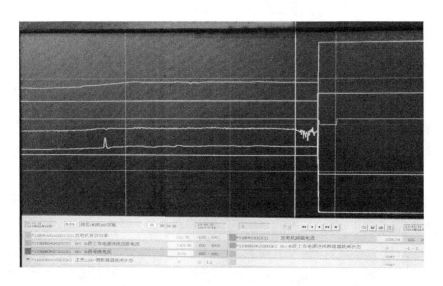

图 4-5 事故 DCS 电气历史曲线

（4）继电保护装置检查情况。

检查 1 号发电机变压器组保护柜发现：发电机变压器组保护 A、B 屏均可靠发出"B 分支零序 t_1 动作"、"电流 $3I_0=1.6678A$""B 分支零序 t_2 动作""电流 $3I_0=1.6036A$"的动作报文，与定值单中"$3I_0$ 定值 1.25A（200/5A），t_{11} 定值 0.8s，t_{12} 定值 1.1s"的定值基本相符，且 t_{11} 保护动作出口为"跳 B 分支,闭锁快切",t_{22}保护动作出口为"全停"。

(5)查阅厂用电源快切装置可知,本次事故中 6kV 厂用电源 A 分支快切装置保护启动和切换功能正常,且切换动作快速、可靠;6kV 厂用电源 B 分支快切装置因零序过流 I 段保护出口,闭锁快切功能正常(因快切装置 GPS 对时不准确,提前于发电机变压器组保护装置约 2h41min,经过时间换算,6kV 1A 段快切装置切换时间为 4 月 10 日 19:40,与 SOE 记录的 6kV 1A 段快切装置切换完毕时间相符)(见图 4-6)。

图 4-6　6kV 1A 段快切装置切换正常

(6)查阅 1 号发电机变压器组故障录波装置发现,发电机变压器组故障录波器录制了本次事故完整的事故过程波形。从波形曲线可以看出,从故障发生至 6kV 电源 61B04 断路器保护跳闸经历时间约 0.81s,再至机组全停 220kV 主断路器 2201 和灭磁断路器跳闸切换故障用时约为 1.41s,基本与定值单相符,波形曲线见图 4-7~图 4-9。

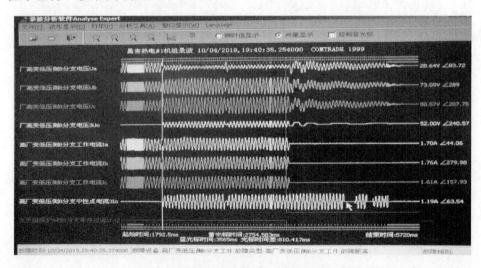

图 4-7　6kV IB 分支零序 t_1 动作时刻波形

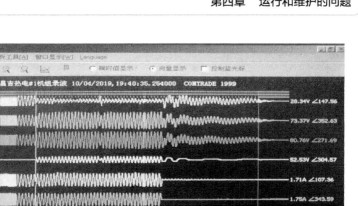

图 4-8　6kV IB 分支零序 t_2 动作时刻波形

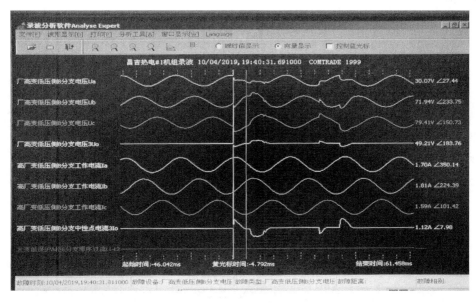

图 4-9　故障录波启动时刻

从故障录波装置的录波波形分析可知，由于 6kV IB 段厂用电源为小电流接地系统，当 A 相闪络接地时，A 相电压幅值大幅降低，B、C 相电压幅值明显增大，但对三相电流几乎未造成影响，符合小电流接地系统的向量关系。

（7）61B04 断路器检查情况。

2019 年 4 月 10 日，在事故发生后，检修人员拉出 6kV 厂用电源进线 61B04 断路器进行检查，发现断路器烧损严重，见图 4-10、图 4-11。

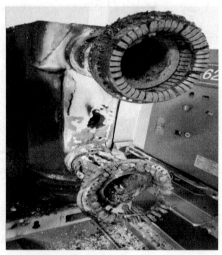

图 4-10　6kV 厂用工作进线 61B04 断路器故障部位动触头烧损情况

图 4-11　6kV 厂用工作进线 61B04 断路器静触头烧蚀情况

从事故现场勘查可知，6kV 厂用工作进线 61B04 断路器 A 相变压器侧动触头烧蚀最为严重，触头金属结构件已烧熔并脱落，压紧弹簧断裂、烧熔；A 相母线侧动触头、弹簧机构和灭弧室受高温烘烤及弧光烧灼也发生了烧损，B、C 相除外包绝缘烧蚀外并未有烧熔损坏现象。另外，6kV 61B04 断路器 A 相变压器侧静触头烧损严重，而 B、C 相变压器和母线侧静触头均完好。

从 DCS 波形曲线可以看出，故障前 6kV 1B 段工作电源进线回路电流为 1343.00A，且长时间稳定运行，远小于 6kV 厂用工作进线 61B04 断路器铭牌中的额定电流值（4000A），并未发生断路器过流情况，所以可以排除断路器在运行中因过负荷引起的发热烧损的可能性。

1 号机组于 2011 年 11 月投入运行，2012 年进行过一次检查性大修，并于 2017 年 8 月～10 月间进行了最近一次大修。

6kV 厂用工作进线 610B04 断路器试验项目齐全，试验数据满足规程要求。

2019 年 3 月 26 日在调停期间，检修人员对此断路器的检查记录见图 4-12、图 4-13，未发现异常。

图 4-12　2019 年 3 月 26 日检查留存影像

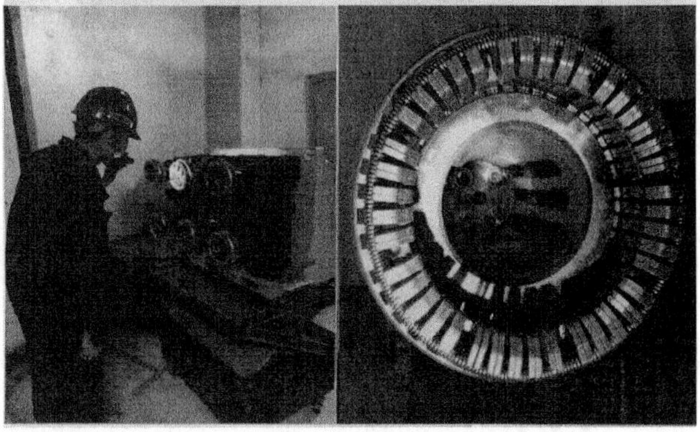

图 4-13　6kV 61B04 断路器检查记录

（三）原因分析

（1）锅炉跳闸原因：汽轮机跳闸。

（2）汽轮机跳闸原因：发电机高压厂用变压器 B 分支零序过流 t_2 保护动作出口。

（3）发电机高压厂用变压器 B 分支零序过流 t_1-t_2 保护动作原因：6kV 厂用工作电源 IB 分支 61B04 断路器闪络接地。

（4）6kV 厂用工作电源 IB 分支 61B04 断路器闪络接地原因：6kV 厂用工作电源 IB 分支 61B04 断路器 A 相变压器侧动触头长期通过大电流，因发热导致弹簧弹性下降或断裂，造成触头松动并不断发热氧化，接触电阻增大，发热加剧并熔化，最终发生间歇性的弧光闪络，引发 A 相接地故障，接地零序电流引起 B 分支零序保护动作导致 1 号机组全停。另外由发变组保护配置情况可以看出，A 相触头闪络接地故障为厂高变差动保护的区外故障，而且由于 6kV 系统为小电流接地系统，故未引起厂高变差动保护动作。

（四）暴露的主要问题

（1）此型 6kV 开关柜为全封闭结构，没有观察视窗，也无法在巡检时进行温度监测，难以发现运行中的设备异常，且根据电厂反映，此型断路器触头曾多次出现发热变色情况，只进行更换处置，但未采取进一步的措施从根本上解决问题，给机组安全稳定运行留下事故隐患。

（2）重要断路器（发电机变压器组主断路器、灭磁断路器、6kV 工作电源断路器）开关量未引入故障录波器，也未引入 DCS 历史趋势数据库中，在历史曲线中无法加入断路器分合状态，给事故分析带来困难。

（五）处理及防范措施

（1）针对此型 6kV 断路器触头多次出现发热的问题，建议联系厂家，着重从设计方面分析发热原因，寻求解决办法，并采取进一步措施，从根本上解决触头发热问题，彻底消除设备隐患，保证机组安全、稳定、经济运行。

（2）加强定期巡检工作，特别注意观察开关柜有无异响、异味等异常情况，且做到逢停必检，认真检查断路器动静触头，观察触头颜色变化、弹簧弹性和松紧情况。一旦发现触头和弹簧有颜色变化、弹簧弹性下降、活动压片变形松动，必须及时进行更换并定期巡检、检查。

（3）针对 1 号发电机变压器组重要断路器（220kV 主断路器、灭磁断路器和 6kV 进线断路器）开关量未引入故障录波器和 DCS 历史趋势库的问题，建议利用停机的机会进行整改或处理，为事故分析提供方便。

第三节　现场防护措施不到位的问题

在继电保护基建施工、运行维护、检验调试过程中，屡屡出现因为现场维护措施不到位造成的继电保护及安全自动装置不到导致的误动作事件，造成跳闸、停电甚至更大的事故发生，随着电力系统的不断发展，电力设备规模的快速膨胀，确保继电保护的正确动作将至关重要，本节通过几起现场防护不到位的案例阐述了防护不到位造成的现场停电事故，以及防治措施。

案例 4-3：防雨水措施不良致保护动作 Ⅰ

（一）事件经过

2019 年 9 月 13 日 16：30，2 号机组负荷 143MW，给水流量 404t/h，主汽流量 421t/h，主汽压力 10.8MPa，主汽温度 543℃，总煤量 92t/h，汽包水位 1.78mm，炉膛负压 -58.35Pa，A 相定子电压 12.59kV，B 相定子电压 12.57kV，C 相定子电压 12.51kV，频率：49.969Hz，励磁电压 172.25V，励磁电流 770.51A，1 号机组停机检修。运行 4 值前夜班当值，机组运行正常。

2019 年 9 月 13 日 16：32，2 号发电机变压器组保护 A、B 柜"发电机定子接地 $3U_0$ 保护"动作，发电机出口断路器 2202 断路器跳闸，发电机灭磁解列，6kV 厂用 ⅡA、ⅡB 段进线断路器 62A1、62B1 跳闸，厂用电源快切装置启动并成功切至备用电源，汽轮机跳闸，锅炉 MFT。

（二）检查情况

（1）2 号发电机变压器组保护 A 柜 CPUA 机端电压动作值 $3U_{0t}$ 为 65.1748V，中性点电压动作值 $3U_{0n}$ 为 32.8562V；CPUB 机端电压动作值 $3U_{0t}$ 为 57.1325V，中性点电压动作值 $3U_{0n}$ 为 28.1426V。2 号发电机变压器组保护 A 柜保护出口，全停。

（2）2 号发电机变压器组保护 B 柜 CPUA 机端电压动作值 $3U_{0t}$ 为 58.5174V，中性点电压动作值 $3U_{0n}$ 为 30.0365V；CPUB 机端电压动作值

$3U_{0t}$为 58.9339V，中性点电压动作值 $3U_{0n}$ 为 28.5199V。2 号发电机变压器组保护 B 柜保护出口，全停。

2 号发电机变压器组保护 A、B 柜的发电机定子接地 $3U_0$ 保护定值为 15V（机端电压 $3U_{0glt}$），中性点电压保护定值为 15V（$3U_{0gln}$），动作时间为 0.3s。

由逻辑图（见图 4-14）可以看出，发电机机端、中性点零序电压值需均达到保护动作值以上且经过 0.3s 才出口，动作于全停。由 2 号发电机变压器组保护 A、B 柜的动作记录可以判断，2 号发电机变压器组保护 A、B 柜发电机定子接地 $3U_0$ 保护动作正确无误。发电机变压器组保护动作报告及故障录波器波形图见图 4-15、图 4-16。

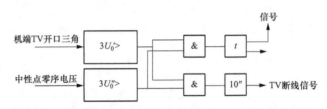

图 4-14 零序电压式定子接地保护逻辑框图

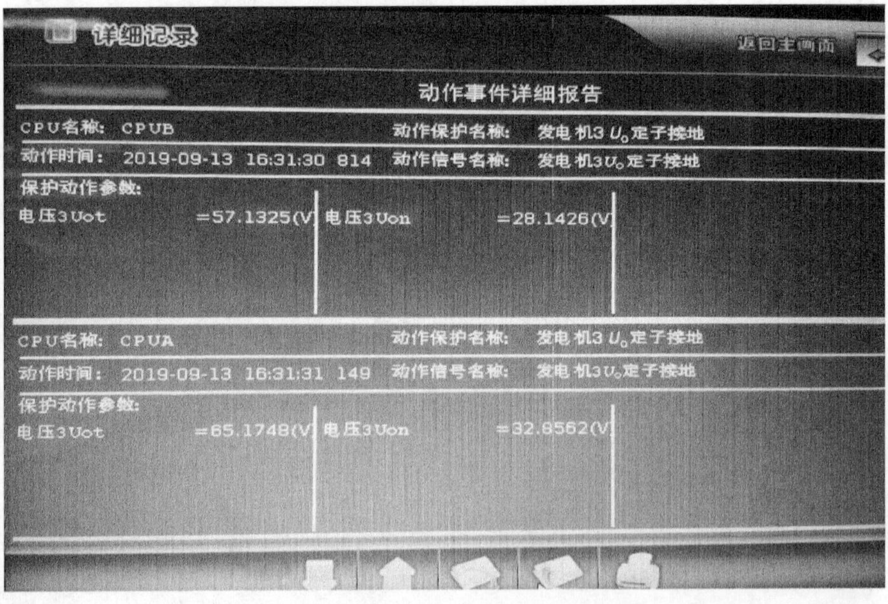

图 4-15 发电机变压器组保护动作报告图

现场检查发现，汽机厂房屋顶通风器漏雨至 2 号发电机出线罩顶部，且出线罩顶部防护板接缝处有积水痕迹，如图 4-17 所示。

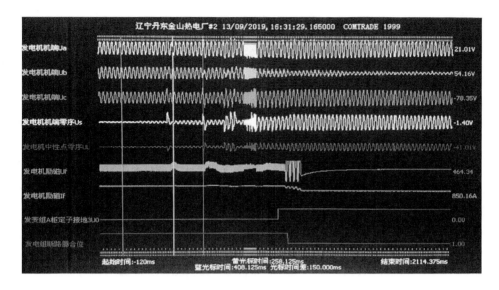

图 4-16　故障录波器波形图

为了判断事故原因及对发电设备可能造成的损伤，电厂组织试验人员对发电机定子进行绝缘测试，测试三相对地绝缘均为 10GΩ，吸收比为 2.0（绝缘电阻 22MΩ，吸收比 1.3 以上为合格）。据此判断此次保护动作为发电机 B 相引出线瞬时接地。

图 4-17　发电机出线罩上方图

随即组织人员打开出线罩侧部检查孔进一步检查，发现罩壳顶部存在缝隙。雨水落到出线罩顶部，由缝隙渗入到出线罩内部。同时检查发现 B 相母线表面有水痕，B 相出线绝缘支撑底座（绝缘材质）有明显电弧放电碳化现象，支撑底座与出线罩底板（铝板）结合部位有积水及接地放电现象，见图 4-18、图 4-19。

随后，将积水全部清除并对放电部位进行擦拭及打磨处理，处理后情况见图 4-20。

经处理后，再次对发电机定子进行绝缘测试，测试三相对地绝缘、吸收比合格；测量发电机出口 TV 绝缘电阻、直阻合格，具备启动条件。19：51，

2号机组开始冲转；20:02，二号机并网恢复正常运行。

图 4-18　B相母线处水痕

图 4-19　支撑底座与出线罩底板结合部位放电点

图 4-20　支撑底座与出线罩底板结合部位放电点处理后

（三）原因分析

（1）锅炉跳闸首出原因：汽轮机跳闸。

（2）汽轮机跳闸首出原因：发电机变压器组保护动作。

（3）发电机变压器组保护动作原因：发电机定子接地 $3U_0$ 保护动作。

发电机定子接地 $3U_0$ 保护动作原因：雨水落到发电机出线罩顶部，由缝隙渗入到出线罩内部，并在出线绝缘支撑座形成水膜，导致 B 相对地绝缘降低，造成 B 相出线接地放电，触发"发电机定子接地 $3U_0$ 保护"。

（四）处理及防范措施

（1）采取临时措施，将发电机出线罩壳上方铺设塑料布进行遮盖。

（2）关闭发电机出线罩上方屋顶通风器并作暂时密封，彻查防雨罩及排水槽，消除漏水后恢复。

（3）已联系封母生产厂家，采用专用密封胶对出线罩缝隙做专业密封处理，计划 9 月 17 日到厂，同时对 1 号机做密封处理，并在启动前做密封及绝缘试验。

（4）彻查厂内可能因漏水、漏雨对设备及系统安全稳定造成影响的隐患，制定问题台账，列计划、落实专人进行处理。

（5）深究管理责任，以秋检为契机查隐消缺，做好以上防范措施的闭环工作。

案例 4-4：防雨措施不良致保护动作Ⅱ

（一）事件经过

2019 年 8 月 3 日凌晨，某电厂所在区域出现强降雨、并伴有雷电和阵性大风。2019 年 8 月 3 日 0：19，"发电机定子接地 $3U_o$" 保护动作跳闸，6kV 厂用备用电源自投成功。

（二）检查情况

2019 年 8 月 3 日 00：19：17 发"发电机定子接地 $3U_o$"保护出口，动作时发电机机端 $3U_o$ 电压 6.6217V（$3U_o$ 保护定值设置为：5V/10s）。在 2019 年 6 月份 11 号机组检修时刚刚开展发电机变压器组保护装置全检，发电机保护 A 柜定子接地 $3U_o$ 功能正常。8 月 3 日保护 A 柜动作情况如图 4-21、图 4-22 所示。

图 4-21　8 月 3 日保护 A 柜动作事件

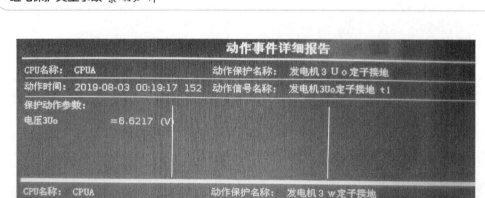

图 4-22　8 月 3 日保护 A 柜动作报告

故障录波波形显示 2019 年 8 月 3 日 0：15 发电机 $3U_0$ 保护出口前机端电压 $3U_0$ 一直在 6.7～6.8V 之间波动，0：15：31.251599 发电机变压器组保护 A 柜 $3U_0$ 保护动作跳闸，$3U_0$ 跳闸值为 6.791V；跳闸前后发电机线电压约 $u_{ab}=107.206$V，$u_{bc}=107.166$V（发电机机端 TV 采用 B 相接地方式）；u_{ab}、u_{bc} 未见明显变化；发电机相电流 $I_a=2.160$A、$I_b=2.203$A、$I_c=2.194$A，$3I_0=0$A。发电机故障录波图形如图 4-23、图 4-24 所示。

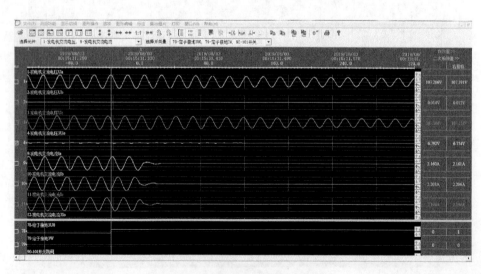

图 4-23　发电机录波器故障波形

110kV Ⅰ母母线电压 $U_{a1}=61.250V$，$U_{b1}=61.153V$，$U_{c1}=61.195V$，三相基本正常，110kV Ⅰ母母线电压 $3U_{01}=9.528V$；110kV Ⅱ母母线电压 $U_{a2}=61.298V$，$U_{b2}=61.310V$，$U_{c2}=61.296V$，三相基本正常，110kV Ⅱ母母线电压 $3U_{02}=11.407V$；

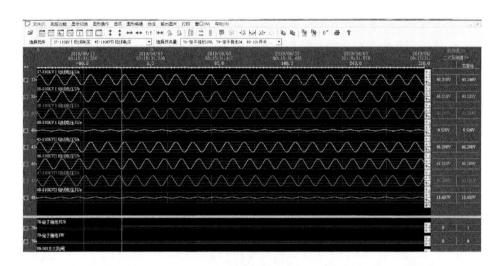

图 4-24　发电机录波器故障波形

从母线保护装置查询到发电机 $3U_0$ 保护动作前 110kV 系统多次发生相电压降低，Ⅰ母失灵相电压、Ⅰ母差动相电压多次告警，其中 B 相瞬间最降低至 44.447V（见图 4-25），而故障录波装置 110kV Ⅰ母、Ⅱ母在保护动作前后 $3U_{01}$、$3U_{02}$ 基本无变化。同时查阅 110kV 线路保护装置和母联保护装置未发现有故障发生。

由上述发电机保护 A 柜动作情况和机组故障录波分析可知在发电机 $3U_0$ 保护动作前，11 号机组发电机确实有 $3U_0$ 存在，并超过 $3U_0$ 保护定值，定子接地 $3U_0$ 保护正确动作。$3U_0$ 保护动作原因存在两种可能：

（1）$3U_0$ 保护定值设置不合理。系统侧接地故障通过主变传递电压的 U_{g0} 超过发电机 $3U_0$ 保护定值导致保护动作。

（2）11 号机组运行中因暴雨 A 排外裸导体绝缘下降，导致 $3U_0$ 超过保护定值导致保护动作。

11 号机组 $3U_0$ 保护动作后电厂对 11 号机组主厂房 A 排外敞开式绝缘护

套母排绝缘进行处理后投入运行，机组各参数正常。8月5日检查11号机组故障录波图4-26和发电机保护A柜见图4-27。

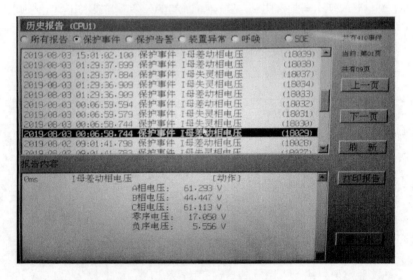

图 4-25　110kV 母线保护报警报告

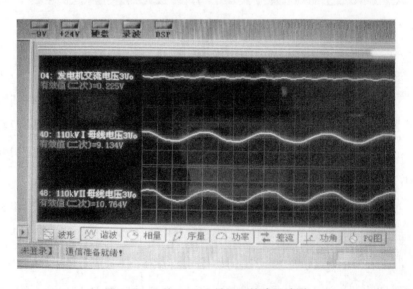

图 4-26　8 月 5 日 11 号机组故障录波图

8月5日机组正常运行时查阅故障录波器110kV Ⅰ母 $3U_{01}=9.134$V、110kV Ⅱ母 $3U_{02}=10.764$V，偏大，但与机组 $3U_0$ 保护动作前后相比稍小，发电机零序电压 $3U_0$ 为 0.22～0.23V；而在母联保护屏、电气测控屏处测量110kV Ⅰ母 $3U_{01}=0.158$V、110kV Ⅱ母 $3U_{02}=0.176$V，得出故障录波器

110kV Ⅰ母 $3U_{01}$、Ⅱ母 $3U_{02}$录波数据与实测值存在很大偏差。咨询电厂电气维护人员得知110kV Ⅰ母、Ⅱ母 $3U_0$ 未接入装置，是故障录波器通过母线三相电压合成自产生的。同时在 $3U_0$ 保护动作前升压站、线路无接地保护动作，由此可以排除是系统侧接地故障通过主变压器传递电压的零序电压 U_{g_0} 超过发电机 $3U_0$ 保护定值导致 $3U_0$ 保护误动作。

图 4-27 发电机保护 A 柜定值

检查发现高压厂用变压器高压侧 511 隔离开关至 51 隔离开关硬母排绝缘隔板处有积水见图 4-28（雨水从主厂房窗户缝隙处被风灌入、窗户处于关闭状态）。

（三）原因分析

（1）直接原因：11 号机组跳闸原因是"发电机定子接地 $3U_0$"保护动作。

（2）发电机定子接地保护动作原因：

1）11 号机组运行中遭遇极端短时暴雨、强风导致主厂房 A 排外发电机敞开式绝缘护套母排不同程度绝缘下降，导致 $3U_0$ 保护动作。

图 4-28　高厂用变压器高压侧 511 隔离开关至 51 隔离开关硬母排绝缘隔板处积水

2）$3U_0$ 保护定值设置不合理。极端天气强降雨阵风导致发电机三相户外敞开式母排绝缘不同程度下降，$3U_0$ 保护动作。

3）户外发电机出口母线至变压器低压侧、至高压厂用变压器高压侧长期在户外露天运行长达 23 年，外绝缘采用护套方式，在极端天气大暴雨的情况下，绝缘受潮下降。

（四）暴露的主要问题

（1）发电机 $3U_0$ 保护定值设置偏保守，在极端大雨强风天气下超过保护动作值。

（2）故障录波器、保护屏等因电厂设计时未配置 GPS 授时系统且暂时不具备技改等条件，导致各系统时间存在偏差，不利于事故原因分析、溯源；故障录波器系统中部分通道命名不规范，如发电机交流电压 u_a、u_c 实际应为发电机线电压 u_{ab}、u_{bc}；故障录波器部分参数存在问题，如故障录波器自产 110kV Ⅰ 母 $3U_{01}$、Ⅱ 母 $3U_{02}$ 明显大于实测值，不利于事故原因分析、溯源。

（3）户外发电机出口母线段采用护套式，在极端天气大暴雨的情况下，绝缘受潮下降。

（4）厂房及防雨设施年久、修缮不到位。狂风暴雨时厂房有不同程度渗雨情况发生。

（五）处理及防范措施

（1）按照 DL/T 684—2012《大型发电机变压器继电保护整定计算导则》

4.3 定子绕组单项接地保护整定计算原理结合机组实际运行情况对 11 号发电机 $3U_0$ 保护定值进行复核，确保保护定值满足要求。

（2）针对故障录器时间系统显示不准确、部分通道命名不规范、110kV 自产 $3U_0$ 显示偏差大等情况，有针对性加强系统时间人工调整，争取与保护装置时间一致；正确命名通道名称；检查 110kV 自产 $3U_0$ 公式正确性。

（3）加强电气设备的检查和外绝缘清扫工作。

（4）加强厂房及防雨设施维修，并开展厂房、配电室及电气设备防雨专项排查、发现问题立即进行整改。

第四节　检修管理不到位的问题

当前继电保护工作面临着严峻的形势，由于检修工作过程中涉及的因素较多，导致继电保护检验工作存在诸多问题，直接影响了电网和变电站运行的安全性和稳定性，本节就相关案例进行讨论，提出处理和解决办法。

案例 4-5：发电机大轴接地碳刷未可靠接地

（一）事件经过

2017 年 7 月 29 日 6：14，某电厂 4 号机组有功功率 248MW，机组运行正常。

6：16，4 号机组 204 断路器跳闸，联跳汽轮机，锅炉 MFT 动作，厂用电快切动作正常。首出原因为"主油断路器跳闸"。

（二）检查情况

1. 基本概况

4 号机为 QFSN-335-2 型水氢发电机，其励磁系统为自并励励磁系统。励磁调节器为 PCS9400 型产品，发电机变压器组保护装置为 PCS985B 型产品。发电机变压器组保护装置、励磁系统均于 2017 年 6 月份机组大修改造后投入运行。发电机变压器组保护 A、B 柜各配置一套乒乓式转子一点接地保护，励磁调节柜内置一套 PCS985RE 注入式转子接地保护装置。

2. 发电机变压器组保护系统检查情况

（1）定值检查，转子一点接地保护定值为两段式，高定值 20kΩ 延时 10s

发信，低定值 2.5kΩ 延时 5s 跳闸。

保护投退检查，发电机变压器组保护 A 柜转子一点接地保护投入，B 柜转子接地保护退出（转子电压引入保险未投入），符合规程要求。

报文检查，调取装置转子一点接地保护动作报文，如图 4-29 所示。

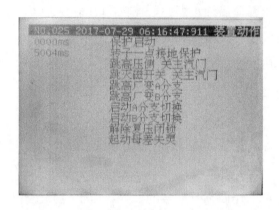

图 4-29　发电机变压器组保护 A 柜动作报文

录波检查，调取发电机变压器组保护装置内部录波，波形文件如图 4-30 所示。

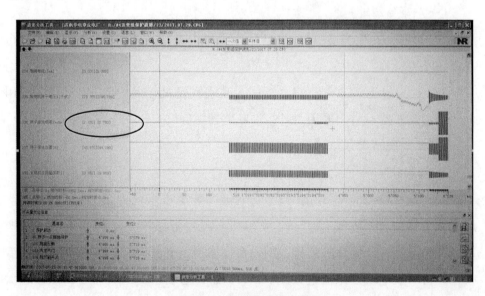

图 4-30　保护装置录波图

由录波图可知，保护启动时，转子接地阻值为 0.78kΩ，5s 后阻值变为 2.43kΩ，仍低于保护动作值（2.5kΩ），随后保护动作出口。

（2）检查转子接地保护二次回路无异常，对地绝缘值合格。对发电机转子一点接地保护进行校验，装置功能正常。

（3）查看发电机变压器组故障录波器录波情况，保护启动前后，相关电压、电流无异常波动。

3. 励磁系统检查情况

（1）查阅励磁调节器面板，报"外部保护跳闸1"。

（2）检查励磁调节器、功率柜、励磁变、铜排及附属二次设备，未见明显异常。

（3）检查励磁调节柜自带注入式转子接地保护，该保护未投入运行，励磁系统正、负极接入保护的端子连片在断开位置。

（4）测量励磁系统正、负极母排绝缘合格，如图 4-31 所示。

图 4-31　励磁系统母排绝缘测量

4. 发电机检查情况

（1）检查发电机转子、碳刷及滑环、大轴接地碳刷，外观检查未见明显异常。

（2）检查发电机大轴接地碳刷，测试中发现接地碳刷的刷架材质为绝缘树脂板，大轴接地碳刷实际未可靠接地。大轴碳刷架结构中垂直的为金属板，水平的为绝缘树脂板，如图 4-32 所示。

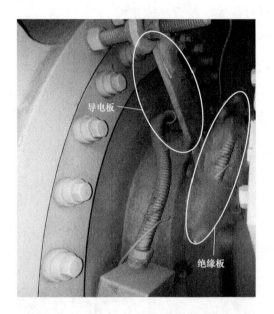

图 4-32　转子交流阻抗测试结果图

（3）发电机冲转至额定转速时，进行转子交流阻抗测试，数据合格。

（4）调取 4 号机轴系振动图，转子一点接地保护动作前后，轴瓦振动无异常变化（两点接地会引起发电机剧烈振动）。

5. 试验情况

检查确认励磁回路一次系统无接地情况后机组并网，经过多次跟踪监视发现：发电机大轴接地碳刷未接地时，保护装置测量的转子接地电阻值在 0.1kΩ 到 300kΩ 之间波动（7 月 29 日 18：00 至 7 月 31 日 24：00），存在低于动作定值 2.5kΩ 情况；发电机大轴接地碳刷可靠接地后，保护装置测量的转子接地电阻值显示 300kΩ（装置测量量程为 300kΩ）。退出发电机变压器组保护装置转子接地保护，投入励磁调节柜转子接地保护装置，在大轴接地碳刷可靠接地时，装置测量转子接地电阻值显示 300kΩ（装置测量量程为 300kΩ）。

（三）原因分析

（1）发电机转子一点接地保护动作是机组跳闸的直接原因。

（2）发电机转子一点接地保护动作原因：发电机变压器组转子接地保护

根据励磁回路正、负极对大轴（地）电压以及正负极之间的电压来计算接地电阻值。如果装置采样参考点（大轴）接地不可靠，大轴悬浮电压会影响到接地电阻的计算结果。在 4 号发电机大轴接地碳刷实际未可靠接地的情况下，保护装置测量的接地电阻值会出现波动，波动达到保护动作值，转子一点接地保护动作出口跳闸。

（四）暴露的主要问题

（1）电气专业隐患排查不全面、不深入，没有及时发现发电机大轴接地碳刷未可靠接地的隐患。

（2）电气专业对改造后的保护装置特性和原理掌握不够充分。

（3）检修管理不到位，对重要技改项目的关键环节缺乏有效监督，造成发电机大轴接地碳刷未可靠接地的隐患长期存在。

（五）处理及防范措施

（1）将 4 号发电机大轴接地碳刷进行可靠接地。对 1 号、2 号和 3 号机组大轴碳刷接地情况进行排查，消除隐患。

（2）采取临时措施，将转子一点接地保护低值跳闸改为报警，在此期间密切监视保护装置运行情况，待最终评估后重新整定运行定值。

（3）细化检修管理，将大轴接地碳刷检查列入定期工作。

（4）对转子接地保护原理进行专项培训，提高电气专业人员业务技能。

第五章　设　计　问　题

在社会经济与科学技术不断发展的今天，继电保护已经达到了非常高的理论水平，在电力系统中得到了广泛的应用。但是在实际的二次回路的设计上仍然会有各种各样的问题存在，本章从二次回路的重要性、设计方法、存在的问题，以及解决措施进行了分析，以期开展预防和防范工作。

第一节　励磁和保护配合问题

发电机励磁系统具有完善的励磁电流，发电机电压和发电机过励等限制措施。而发电机变压器组保护主要包括励磁绕组过负荷以及发电机过电压等。为确保机组正常运行，需要对励磁调节器以及发变组的参数进行优化，最终实现完美的配合。

案例 5-1：某电厂励磁系统过励限制动作后发电机变压器组过负荷保护动作跳闸事件

（一）1. 事件经过

某电厂 200MW 机组正常运行时，电网远方故障导致发电机高压母线电压突然降低，发电机无功功率增至 190Mvar，励磁调节器发过励限制信号，同时发电机变压器组过负荷保护动作，经过延时，发出发电机跳闸信号。

（二）原因分析

事故发生时励磁调节器和发电机变压器组保护均报出异常信号，励磁调节器和发电机变压器组保护内部录波均保存完整，根据录波信息显示，事故发生前发电机无功功率突然上升，定子电压下降。励磁调节器采用电压闭环控制，当发电机定子电压下降时，励磁调节器触发角变小，励磁输出电流增加，由于励磁调节器内部过励限制定值为 130Mvar，但过励限制动作延时为 20s，发电机无功功率增加后，励磁调节器过励限制和发电机变压器组过负荷保护同时启动，在延时 20s 以后，励磁调节器过励限制启动，发电机无功功率开始缓慢下降，但发电机变压器组过负荷保护依然处于启动状态，经保护延时发出跳闸信号，发电机解列。

经过分析励磁调节器过励限制动作原理可知，该励磁调节器过励限制动作采用渐进法调节发电机无功功率，即励磁调节器判断无功功率与过励限制定值进行比较，当无功功率大于过励限制定值时，将电压参考值降低，经过电压闭环计算，无功功率降低，如此循环，直至无功功率小于过励限制定值。事故发生时，由于无功功率上升过多，而励磁调节器过励限制动作时无功功率下降速度较慢，导致在发电机无功功率下降至正常水平前，发电机变压器组过负荷保护动作。

（三）处理及防范措施

（1）责成励磁厂家对过励限制功能进行完善，加快过励限制动作时无功功率调节速度，保证发电机无功功率超过限制定值后，能够很快回到发电机正常运行范围。

（2）对励磁系统过励限制动作定值和发电机变压器组保护定值进行重新核算，保证过励定值与发电机变压器组过负荷保护定值完全配合，发电机变压器组过负荷保护不先于过励限制动作。

第二节 装置或二次回路设计问题

一旦继电保护二次回路产生故障，电力系统不仅仅丧失了正常的保护作用，它还会因为电网瘫痪以及系统的崩溃给电力企业造成严重的经济损失，基于上述情况，为了保证电力系统能够长久安全地运行，对继电保护二次回路的相关故障探讨和解决措施的研究很有必要。本节主要通过相关案例阐述了继电保护二次回路存在的主要问题，并且对继电保护二次回路的维护方法作了初步探讨，以期对相关工作人员提供一定的帮助和参考价值。

案例 5-2：某电厂励磁调节器误强励导致机柜烧毁事件

（一）事件经过

某电厂做完电力系统稳定器试验后，励磁系统发生跳闸，跳闸后发生的事故使励磁系统遭到严重损坏，主要损坏情况如下：

（1）励磁调节柜内通道 1 和通道 2 控制板件严重损坏。

（2）1 号整流柜后部遭到严重破坏，整流桥负极所有熔断器熔断，整流桥内控制电路板全板损坏，在其他整流柜中熔断器熔断；位于 1 号整流柜左后方交流母线末端可看到最严重的燃弧痕迹。

（3）交流进线柜未损坏。

（4）灭磁柜体遭到严重损坏，右侧所有元件均被电弧破坏，磁场断路器灭弧栅之间可见严重的电弧爆炸痕迹，主触头已开断，未见任何异常损伤，灭弧室内的灭弧栅板之间出现很多球状金属熔化物，在触头和灭弧室上方发现融化金属的迹象。

（二）原因分析

两个通道励磁调节装置 CPU 板全部损坏，内部保留的故障记录及录波数据无法恢复，因此只能根据现场事故后现象分析事故原因。

（1）根据设备损坏程度，可以设想磁场断路器内曾出现长时间燃弧，灭磁柜内空气发生电离，电离空气游离至 1 号整流柜的交流母线处，导致交流母排三相短路，电弧在三相交流母排的左端部持续停留和燃烧直到定子电压衰减至 0，交流母排短路电弧烧坏 1 号整流柜内控制电路板。

（2）根据故障录波器波形分析，励磁系统过励保护跳闸时，磁场电压极性未出现反转，说明灭磁断路器跳闸后，发电机磁场能量没有成功转移至灭磁电阻中，原因可能是励磁整流系统在灭磁过程中无法转入正常逆变状态。

厂家调试人员分析事故原因可能是：在事故发生前的 PSS 试验过程中，可能出现参数输入错误冲击了调试计算机工具和励磁调节器 CPU 之间的通信，致使调试计算机向励磁调节器 CPU 的参数传输出现错误，错误参数导致 CPU 接收到不合逻辑的数据，结果出现功能混乱，整流桥失控，励磁系统出现误强励，导致发电机跳闸。

磁场断路器分断时，磁场断路器建立弧压不能满足发电机误强励工况的灭磁电压要求，无法将磁场电压的极性发生反转，灭磁系统无法完成对磁场电流的转移，从而极大地延长了燃弧时间（约 600ms），电弧能量超过灭弧罩所能承受的范围，灭弧罩内部发生爆炸，致使周围空气发生电离，引发交流母排的左侧端部三相短路，故障进一步扩大。

（三）处理及防范措施

（1）由于励磁调节器的励磁调节柜、整流柜、灭磁柜都受到损伤，无法修复，只能重新订购励磁调节器。

（2）励磁调节装置的参数校验功能设计不完善，励磁调节装置不仅要对通信收到的数据进行冗余校验，杜绝通信误码，更要对控制参数进行实时校验，出现错误参数进行正确识别。一般功能设计完善的励磁调节装置在内存会保留一组缺省参数，当出现参数错误，一方面发出故障信号切换至另一通道运行；同时调节采用缺省参数，以提高发电机励磁系统安全可靠性。

（3）灭磁系统设计存在缺陷，工程应用中灭磁系统应能保证发电机在任何工况下（包括误强励工况）均能安全可靠灭磁，以保证发电机和励磁系统安全。事故现象表明原励磁系统并不能保证强励工况下灭磁断路器分断弧压，使发电机磁场能量安全转移至灭磁电阻，这是导致事故扩大的根本原因。建议电厂要求励磁厂家对灭磁系统进行重新设计，否则无法杜绝此类事故再次发生。

案例 5-3：某电厂停机过程中励磁调节器误强励事件

（一）事件经过

某电厂 200MW 机组采用三机励磁系统，正常运行中由于锅炉爆管故障，发电机关主汽门停机，发电机解列，机端电压逐步下降，励磁调节装置发出伏赫兹限制信号。当转速至 2700 转时，机端电压降至 0。但在发电机转速继续下降过程中，发电机端电压又重新上升，发变组过电压保护动作，灭磁断路器跳闸。

（二）原因分析

事故发生前，励磁调节器发出伏赫兹限制信号，励磁调节器内部录波显示当频率降至 47.5Hz 时，伏赫兹限制正确动作，降低发电机电压；当频率降至 45Hz（转速为 2700r/min）时，励磁调节器发出逆变角度，电压降至零。发电机变压器组故障录波显示过电压保护动作正确，保护动作时发电机电压已升至 120%。

励磁调节器厂家分析，当发电机频率降至 45Hz 后，励磁调节器发出逆变角度（120°）触发脉冲，励磁系统逆变灭磁，发电机电压降至零。由于是汽轮机紧急关闭汽门导致停机，电气系统并未向励磁调节器发出停机指令，励磁调节器仍处于运行状态。另外，由于技术原因该励磁调节器测量频率范围为 40～65Hz，当发电机频率低于 40Hz 后，仍按 40Hz 频率进行处理。40Hz 时逆变角度（120°），发电机转速降至 20Hz 时，实际触发角度为 60°，这已经达到励磁强励角度，且随着发电机转速降低，强励倍数也逐渐加大，最后导致发电机过电压保护动作。

（三）处理及防范措施

（1）提高励磁调节器测频性能，扩大励磁调节器可靠运行频率范围，保证在低频率时不会误触发晶闸管整流桥。

（2）完善励磁调节器控制功能，增加低频率时励磁调节器闭锁功能。针对本机组，当发电机空载时频率低于 45Hz，励磁调节器应闭锁运行，不再发出触发脉冲，晶闸管整流桥不再导通，保证发电机低频时不会发生误强励事故。

第三节　电源设计问题

继电保护电源和操作直流电源在电力系统中的作用非常广泛，对于继电保护装置而言，其是独立于电力系统外的动作电源，电气故障时提供动作电源，是继电装置正常运行的后勤保障。本节针对二者的关系和实际中遇到的电气问题，简述在继电保护中的作用，开关电源与继电保护的关系，分析开关电源故障，并提出改进策略，为电气设计和检查提供参考。

案例 5-4：某电厂两台机组跳机全厂失电事件

2019 年 12 月 22 日，某电厂 1 号机组高压厂用变压器复压过流保护动作，机组停机，随后联跳 2 号发电机变压器组，机组解列，全厂失电，相关情况如下：

（一）事件经过

2019 年 12 月 22 日，某电厂 1 号机组负荷 170MW，2 号机组负荷 167MW。

11:01:39，1 号机组高压厂用变压器复压过流保护动作，机组停机，厂用电切换至启备变压器低压分支运行。

11:06:58，启备变压器高压侧复压过流保护和 1A 分支过流保护动作，1 号机组厂用电源失电，1 号机组直流油泵和柴油发电机启动失败，1 号汽轮机断油烧瓦。

11:24:27，1 号机组 UPS 电源失电。现场检查发现 1 号热网水源变压器及 10kV 开关柜设备起火，10kV 热网水源段内断路器柜、电缆及相关二次设备烧损，部分网控 UPS、控制电缆烧损。

11:29:09，2 号机组二次风机油泵停运，锅炉 MFT 动作。

11:33:27，2 号机组保安段，2 号机组厂用 PCA 段、PCB 段失电。汽机 EH 油泵停运。

11:38:20，EH 油压低汽机跳闸，联跳 2 号发电机变压器组，机组解列，全厂失电。

（二）原因分析

1. 1 号机组跳机原因

1 号热网水源变压器由 1 号机组厂用电 6kV 1A 段提供电源，沈大西线开闭站接引至 10kV 热网水源段母线。10kV 系统是直接接地系统，单相接地故障电流较大，外部 10kV 供热电缆发生接地故障，保护未及时切除故障，导致 1 号热网水源变压器 10kV 侧绕组过热、绝缘击穿、短路着火，整个热网水源变及 10kV 热网水源段着火烧损。

（1）保护动作情况分析。

10kV 热网水源段故障发生后，11:01:39，1 号机组高压厂用变压器复压过流保护动作，机组解列。6kV 快切装置动作，厂用电源系统切换至备用分支运行。11:06:38 启备变压器复压过流和 1A 分支过流保护动作，1 号机组及启备变失电。

1）1 号高压厂用变压器保护动作原因分析。

A. 运行方式及保护动作说明。

故障发生时 10kV 热网水源段运行方式及保护配置如图 5-1 所示。当沈水新城 10kV 电缆发生故障时,沈大西线开闭站进线及馈线保护,10kV 热网水源段进线保护,1 号热网水源变压器 6kV 侧保护,6kV 1A 分支进线保护均未能切除故障,直接越级至高压厂用变压器复压过流保护动作。

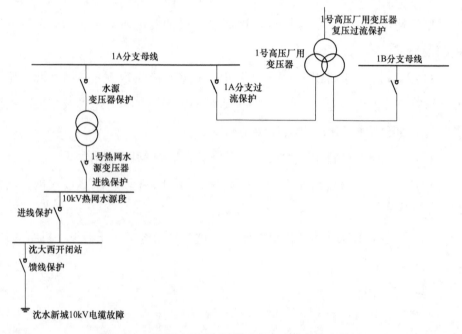

图 5-1 1 号高压厂用变压器运行方式及保护配置图

B. 沈大西开闭站进线及馈线保护未能切除故障原因。

沈大西开闭站进线及馈线过流Ⅰ段及过流Ⅱ段均已动作,如图 5-2、图 5-3 所示。但进线断路器及馈线断路器拒动。这是因为控制直流取自本段交流 TV 经整流输出,由于 TV 失压,导致直流失电。

图 5-2 开闭站保护动作情况

图 5-3 断路器失灵

C. 10kV热网水源段进线保护未能切除故障原因。

10kV热网水源段进线保护未能切除故障原因是由于进线断路器保护全部退出运行。

D. 1号热网水源变压器保护未能切除故障原因。

1号热网水源变压器保护配置了差动保护及三段过流保护。现场差动保护退出运行，过流三段保护均投入运行。电流互感器变比1000/5。过流Ⅰ段 $I_{\mathrm{I}}=4.85I_{\mathrm{n}}$，$t_1=0.06\mathrm{s}$。过流Ⅱ段经复合电压闭锁，$I_{\mathrm{II}}=0.9\mathrm{In}$，$t_2=0.6\mathrm{s}$。过流Ⅲ段，$I_{\mathrm{III}}=0.6\mathrm{A}$，$t_3=3\mathrm{s}$。高压厂用变压器复压过流动作时，最大故障相电流约为2500A左右，折算至二次值大于热网水源变压器过流保护Ⅱ段定值，但保护多次启动，保护始终未动作出口。最近一次保护动作故障记录发生在2018年5月3日。从事件记录检查发现，保护启动及消除信息多达40余条，说明保护采样频繁中断，因此保护没有动作。

E. 高压厂用变压器复压过流保护动作及1A工作进线过流保护未动作原因分析。

1号机组高压厂用变压器复压过流保护动作是由于热网水源段故障点未能及时切除导致的。保护动作时，高压厂用变压器高压侧最大电流约为1800A，如图5-4、图5-5所示。高压厂用变压器高压侧电流互感器变比4000/1，低压侧电流互感器变比3000/1。高压厂用变压器复压过流保护定值0.45A，故障时高压厂用变压器高压侧电流二次值达到保护定值，延时1s后

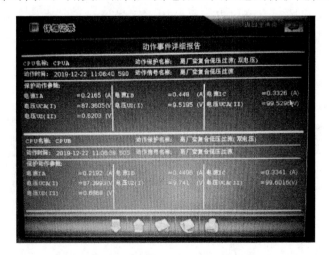

图5-4　发电机变压器组保护A动作情况

跳机。6.3kV 低压侧分支复压过流保护定值 3.69A，故障时 1A 分支电流折算至二次值远小于保护定值，因此分支过流保护未动作。

图 5-5   发电机变压器组保护 B 动作情况

高压厂用变压器复压过流保护动作，短时切除故障后，6kV 快切装置动作，备用分支断路器合闸，启备变压器带故障点继续运行。

F. 发现问题。

从发电机变压器组保护 A、B 屏保护动作情况分析，发电机变压器组保护 A 屏 CPUA、CPUB 高压厂用变压器复压过流保护均正确动作。但是发电机变压器组保护 B 屏，只有 CPUB 高压厂用变压器复压过流保护动作。由于发电机变压器组保护 CPUA 工作电源由 1 号机组控制直流供电，CPUB 工作电源由 2 号机组控制直流供电，因此说明 1 号机组控制直流电源系统电压已经非常不稳定。

2）启备变压器保护动作原因分析。

A. 运行方式及保护动作说明。

当启备变压器保护动作时，故障点已经从电缆故障发展到变压器故障。系统运行方式如图 10kV 热网水源段运行方式及保护配置如图 5-6 所示。沈大西开闭站进线、馈线保护以及 10kV 热网水源段进线保护未正确动作原因与上述原因一致。

B. 1 号热网水源变压器保护未能切除故障原因。

当启备变压器保护动作时的最大故障电流已经远远大于热网水源变保护

过流Ⅰ段保护定值，但是故障仍未消除。从保护装置查找事件记录可以发现，保护装置没有此时间段保护启动记录，说明保护装置已经失去直流电源。关于直流电源消失原因，在下文进行详细分析。

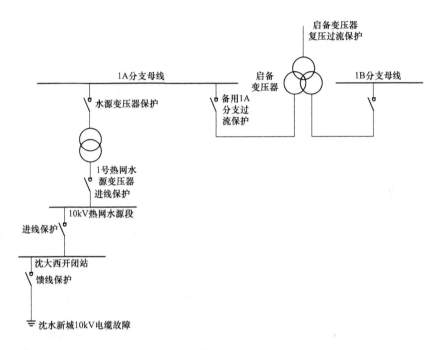

图 5-6 启备变压器运行方式及保护配置图

C. 启备变压器保护动作原因分析。

由于故障点未能正确切除及热网水源段故障发展严重，导致故障电流达到启备变压器复压过流和 1A 分支过流保护定值，保护动作。启备变压器高压侧电流互感器变比 300/1，低压侧电流互感器变比 3000/1。启备变压器高压侧复压过流保护定值 0.45A，时限 0.3s，低压侧 1A 分支过流 3.68A，时限 0.6s。启备变压器保护动作后，1 号机组厂用电系统失电。

D. 发现问题。

从启备变压器保护 A、B 屏保护动作情况分析，启备变 A 屏 B 屏，均只有 CPUB 启备变压器复压过流及备用分支过流保护动作。由于启备变压器保护 CPUA 工作电源由 1 号机组控制直流供电，CPUB 工作电源由 2 号机组控制直流供电，因此说明 1 号机组的 110V 控制直流已经完全消失。

启备变压器保护动作后，启备变压器高压侧 220kV 断路器跳开，但是备用 1A、1B 分支进线断路器均未跳开。进一步可以说明 110V 控制直流电源已经失电。

(2) 110V 控制直流消失原因分析。

1) 110V 直流电源消失判断。

由于 1 号机组 ECS 监视系统不可靠，无法通过历史记录查到 110V 直流电压状态。通过 DCS 历史记录发现，1 号机组直流润滑油泵电流显示有明显的波动，但并没有直流润滑油泵合闸反馈。通过与热工及汽机专业人员确认，当时机组状态并未达到联启直流润滑油泵条件。进一步检查直流润滑油泵电流曲线。11:01:41 确定直流润滑油泵电流出现消失状态（直流变送器输出 4mA 以下），判断电流变送器已经失电，11:01:44 显示瞬时电流上升状态（快切已合闸，厂用电由备用变压器供电），判断为直流变送器失电后恢复所致，1s 后，直流变送器电流消失，说明此刻直流彻底消失。经现场检查确认直流油泵变送器为 110V 控制直流供电，如图 5-7 所示。同时通过发电机变压器组保护以及启备变压器保护动作分析，均可以验证 110V 控制直流已经失电，且 1 号机组 110V 直流蓄电池放电试验不合格。

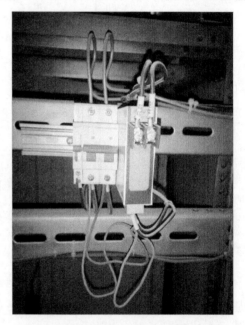

图 5-7　直流润滑油泵直流变送器

2) 110V 直流电源消失原因分析。

从上述分析可以看出，11:01:45 110V 直流电源已经彻底失电。但此时厂用电源系统已经切换至备用分支运行，1 号机组 110V 整流器屏电源并未消失。但是从故障录波的波形分析，此时由于故障点仍未切除，1A 段母线电压下降 25%，导致 1 号机组 110V 整流器屏由于交流电压过低闭锁，造成 1 号机组直流电源消失。

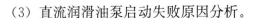

（3）直流润滑油泵启动失败原因分析。

由于直流润滑油泵的控制回路设计为 110V 直流电源，因此当 110V 直流电源消失后，无法正确启动直流润滑油泵。

（4）1 号机组保安电源失电及柴油发电机启动跳闸的原因分析。

1）保安段失电。

当 1 号机组厂用系统失电后，由于直流电源消失，保安段备自投失电未能正确动作。

2）柴油机启动后跳闸。

保安电源失电后，运行人员操作合 110V 直流至 2 号机组 110V 直流联络断路器后，启动柴油发电机组，由于保安段备自投未能正确分开保安段进线断路器（引自 PC 段），当柴油发电机启动后，导致厂用 PC 段负荷均由柴油发电机供电，并由低压厂用变压器返送至 6kV 侧，引起柴油发电机过流跳闸，启动失败。当分开保安电源进线断路器后，柴油发电机启动成功。

（5）UPS 失电原因分析。

11：06，1 号机组厂用电消失后，UPS 电源切换至直流提供电源，此时 UPS 电源正常运行。220V 直流馈线负荷 25 支路直流接地故障，经检查故障支路为热网水源段 10kV 断路器的储能电源。由于 220V 直流馈线负荷 25 支路的持续故障，当直流电压降低或直流发生短路故障时，到达 UPS 直流逆变器故障报警时，UPS 电源失电。11：24：27，1 号机组 DCS 电源消失。

（6）1 号汽轮机断油烧瓦的原因。

由于电源故障无法为启动直流润滑油泵，造成各轴承的润滑油断供，轴承无法为转子系统提供支撑，造成部分轴承振动偏大；同时轴承金属温度会急剧升高，给轴承造成损坏。

此外，降速过程中，由于转子系统无轴承支撑，使轴封、汽封等下端间隙减小甚至消失，可能造成轴封、汽封甚至转子叶片发生动静碰磨造成损坏。

转速降至 0 时，盘车系统无法启动，缸温测点位置未知，且有坏点，给分析造成了不便。

2．2 号机组跳机原因

2 号机组保安电源的馈线负荷"网控 110V 直流交流电源"及"网控通

信交流电源"，是由保安段敷设电缆送至网控室内。网控室位置正位于失火热网水源段的楼上，由于在热网水源段故障起火过程中，2号保安段两路馈线电源严重损毁，导致2号机组保安电源接地故障。

通过现场检查发现保安电源进线断路器接地保护，及厂用PC段进线断路器接地保护均整定为报警。因此当保安段发生接地故障时，导致6.3kV低压厂用变压保护装置低压零序保护越级动作。低压厂用PC段失电。

低压厂用PC段失电后，通过备自投装置，厂用PC段切换至6.3kV低压备用变运行，由于保安段电源故障未消除，导致6.3kV低压备用变压保护装置低压零序保护动作。低压厂用PC段及保安电源全部失电。最终导致2号机组跳机。

（三）暴露问题

（1）沈大西开闭站保护电源及操作直流电源设计严重违反设计规定。

（2）10kV热网水源段进线保护未投入，所有保护信息均未上传至控制室，存在严重的安全隐患。

（3）10kV热网水源段系统为直接接地系统，馈线负荷未配置接地保护。

（4）1号热网水源变压器差动保护未投入，保护装置选型错误。

（5）高压厂用变压器及启备变压器保护后备保护时间级差不合理。

（6）1号机组110V控制直流蓄电池容量过低，未进行更换。

（7）380V接地保护配置不合理，TA采用测量级别，型号为GB1208-97，0.5级。

（8）发电机变压器组故障录波装置启动录波时间过短，且发现开关量动作未正确启动录波，导致故障时刻没有查到波形，为事故分析造成了较大的困难。

（9）全厂保护装置及DCS设备对时不准确，对事故发生后的问题追溯带来难度。

（四）处理及防范措施

（1）尽快更换1号机组、2号机组、网控楼110V直流蓄电池以及通信直流蓄电池组，并进行核容放电试验。

（2）改造沈大西开闭站保护及操作直流电源系统。

（3）改造1号热网水源变压器及10kV热网水源段所有负荷配电盘柜及保护。

（4）投入所有10kV热网水源段及热网水源变压器保护。

（5）380V厂用系统接地保护应投入跳闸或重新整定。

（6）重新对机组故障录波装置进行检验，确认装置功能正常。

（7）对全厂继电保护定值进行校核，对级差不合理的定值尽快整改。

（8）改造10kV热网水源段信号及控制系统，将10kV热网水源段馈线保护动作信息送至主控室内。

第四节 设备选型问题

由于不同的继电保护类型会造成继电保护表现出不同的特点，因此是否能够选择正确的保护装置以及设备直接影响设备的安全问题。为了能够选择出最具合理性和科学性的继电保护种类，本节结合实际案例，理出暴露的问题，再结合实际状况选择最合适的保护类型，旨在能够真正取得较好效果，以便同行参考。

案例5-5：某电厂"高压厂用变压器差动保护动作"非停事件

2019年7月16日，某电厂启动细碎煤机时，1号机组报"高压厂用变压器差动速断保护动作"，1号机组跳闸，6kV Ⅰ段厂用电失去，相关情况如下：

（一）事件经过

事件发生前，某电厂1号机组负荷135MW，2号机组负荷125MW，1号机组主汽压力13.5MPa、再热压力2.5MPa，主汽温535.9℃、再热汽温538.1℃。

2019年7月16日16：33，甲细碎煤机电机倒相序工作完成，终结工作票。

2019年7月16日17：10，运行人员把甲细碎煤机6123断路器送至工作位置，通知输煤值班员甲细碎煤机具备启动条件。

2019年7月16日17：22：05，输煤值班员DCS远方启动甲细碎煤机，1号机组DCS系统报"发电机变压器组保护A柜高压厂用变压器差动速断保护动作""6kV 工作 A 段工作电源进线断路器跳闸状态 ON""6kV 工作 B 段工作电源进线断路器跳闸状态 ON""6kV 工作 A 段备用电源进线断路器合闸状态 ON""6kV 工作 B 段备用电源进线断路器合闸状态 ON""启备变压器差动保护动作""1 号汽机跳闸信号""1 号发电机跳闸信号"。

2019 年 7 月 16 日 17:22:05，1 号机组跳闸，6kV Ⅰ段厂用电失去。

（二）原因分析

2019 年 7 月 16 日 17:22:04，1 号机组发电机变压器组保护 A 柜发"高压厂用变压器差动速断动作"保护启动，保护出口动作为全停，跳 1 号机组并网断路器 201、1 号机组灭磁断路器、1 号机关主汽门、启动 1 号机组厂用 A 分支快切、启动 1 号机组厂用 B 分支快切。根据发电机变压器组保护装置动作参数记录，跳闸时 A、B、C 三相均产生差流，C 相差流速断动作。发电机变压器组 B 柜未配置高压厂用变压器差动保护，配置发电机变压器组差动保护，差流值未到发电机变压器组差动保护定值（见图 5-8）。

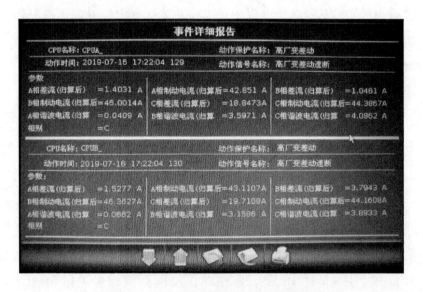

图 5-8 发电机变压器组保护 A 柜报警记录

2019 年 7 月 16 日 17:22:04，启备变压器保护柜发"启备变差动速断动作"，出口为跳开启备变压器高压侧 200 断路器、跳 1 号机组 6kV 工作 A、B 段备用电源进线断路器。电厂启备变压器保护装置采用 2015 年升级的 DGT-801UB 数字式发电机变压器保护装置（见图 5-9）。

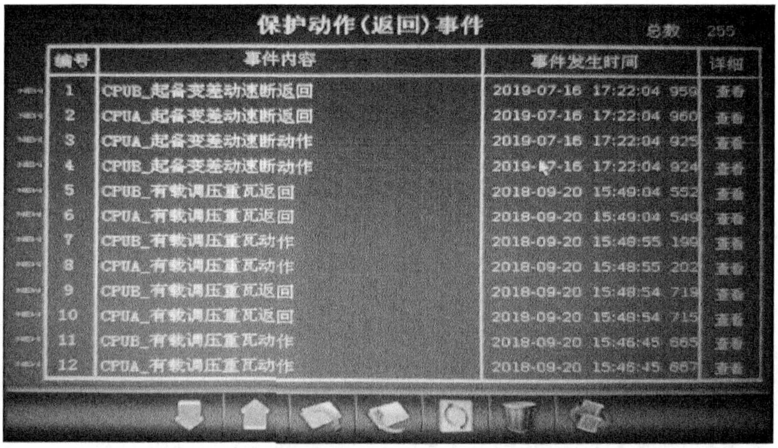

图 5-9　启备变压器保护装置报警记录

查看 1 号机组发电机变压器组故障录波器开关量变位记录。保护及断路器动作顺序为："高压厂用变压器差动速断"保护动作出口全停，跳开 1 号机组并网断路器 201、1 号机组灭磁断路器，启动 1 号机组厂用 A 分支快切、启动 1 号机组厂用 B 分支快切。1 号机组 6kV 工作 A 段备用电源进线断路器合闸，1 号机组 6kV 工作 B 段备用电源进线断路器合闸。然后"启备变差动速断动作"，跳开启备变压器高压侧断路器 200，跳开 1 号机组 6kV 工作 A、B 段备用电源进线断路器。1 号机组厂用电失去。

查看 1 号机组发电机变压器组故障录波器电流、电压波形记录，如图 5-10 所示。0ms 时刻，故障开始时，三相电压为 0，故障为三相金属性短路，高压厂用变压器低压侧 C 相 CT 饱和，波形严重畸变，故障时刻为 C 相电压过 0 点附近；78ms 时刻，6kV 工作 I 段工作电源断路器跳开；127ms 时刻，6kV 工作 I 段备用电源断路器快切合闸，启备变压器低压侧 A 相 TA 饱和，波形严重畸变，故障时刻为电压 A 相过 0 点附近；250ms 时刻，6kV 工作 I 段备用电源断路器跳开。

检查甲细碎煤机综保装置，报"过流速断跳闸"报警信号，故障相为 A、B、C 三相，故障相对时间 152ms。故障动作电流为 A 相 110.76A、B 相 111.08A、C 相 112.41A，故障时电流大于综保装置保护定值 38.7A。保护装置报文如图 5-11 所示。事故后对甲细碎煤机间隔进行整组试验，试验结果正确，速断保护动作时间为 35ms 左右，整组时间为 90～130ms。甲细碎煤机间隔 TA 变比为 100/5。

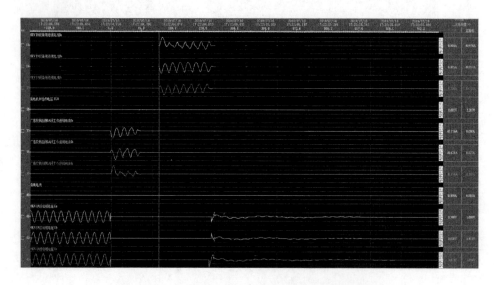

图 5-10　故障录波器装置电流、电压报警记录

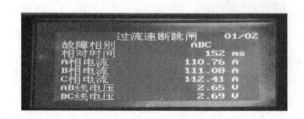

图 5-11　甲细碎煤机综保报警记录

对 1 号机组高压厂用变压器进行绕组变型及短路阻抗试验，试验验数据合格。高压厂用变压器、启备变压器低压侧 TA 为 LMZBJ4-10W1 型电流互感器，TA 变比为 2500/5，准确等级为 10P20，稳态准确限值为 50kA。高压厂用变压器低压侧 TA 进行伏安特性和 10% 误差曲线试验，C 相拐点电压 157.53V，拐点电流 0.0735A。试验数据合格，TA 饱和原因应为暂态饱和。

现场检查保护装置和故障录波器记录，确定 1 号机组跳闸原因为："高压厂用变压器差动速断"动作，出口发变组全停。

"高压厂用变压器差动速断"动作原因为：6kV 工作Ⅰ段三相金属性故障，高压厂用变压器低压侧 C 相 TA 暂态饱和，高压厂用变压器差流满足高压厂用变压器差动速断定值。高压厂用变压器差动保护动作时间为 20ms，显著大于甲碎煤机过流速断保护动作时间 152ms。

6kV 工作Ⅰ段三相金属性故障原因：甲细碎煤机地刀传动连杆机构脱扣，未将接地隔离开关拉开，运行人员检查不到位，带地刀合甲细碎煤机 6123 断路器。

高压厂用变压器低压侧 C 相 TA 暂态饱和原因：高压厂用变压器低压侧 TA 暂态特性差。根据《电流互感器和电压互感器选择及计算规程》（DLT 866—2015）10.2.2 电流互感器额定准确限值一次电流应大于保护校验故障电流，还应考虑互感器暂态饱和影响。查阅发变组保护记录及故障录波器记录，故障瞬时 C 相短路制动电流基波分量达到 44.38A，折算到一次侧故障电流基波分量约为 23kA，故障发生时刻 6kV 电压 C 相为过 0 点附近，非周期分量最大，造成高压厂用变压器低压侧 TA 的 C 相暂态饱和。

甲碎煤机过流速断保护动作时间过长原因：TA 选型不合理，甲碎煤机间隔 TA 变比为 100/5，准确等级为 10P20，一次准确限值为 2000A，远远小于一次故障电流，TA 严重饱和，无法准确测量一次电流，造成保护装置动作时间过长。

现场检查保护装置和故障录波器记录，确定启备变压器跳闸原因为："高压厂用变压器差动速断"动作后启动 6kV 工作Ⅰ段快切，6kV 工作Ⅰ段备用电源断路器合于三相故障，"启备变压器差动速断"动作，出口启备变全停。

"启备变差动速断"动作原因为：6kV 工作Ⅰ段备用电源断路器合于三相故障，启备变压器低压侧 A 相 TA 暂态饱和，启备变压器差流满足启备变压器差动速断定值。

6kV 工作Ⅰ段备用电源断路器合于三相故障原因："高压厂用变压器差动速断"动作后启动 6kV 工作Ⅰ段快切，6kV 工作Ⅰ段备用电源断路器合闸。

启备变压器低压侧 A 相 CT 暂态饱和原因：启备变压器低压侧 TA 暂态特性差。暂态饱和原因同高压厂用变压器低压侧 C 相 TA 暂态饱和原因。

（三）暴露问题

（1）运行管理未落实。运行人员未严格执行两票三制，未检查到甲细碎煤机开关接地隔离开关未拉开，存在严重的检查遗漏问题。

（2）设备管理不到位。输煤甲细碎煤机 6123 断路器五防闭锁机构变形严重，地刀传动连杆机构脱扣，未能起到闭锁作用。

（3）设备存在安全隐患。高压厂用变压器、启备变压器低压侧 TA 抗暂态饱和能力弱。近端短路故障时易产生 TA 暂态饱和，造成高压厂用变压器、启备变压器差动保护在近端区外故障时保护越级动作。

（4）设计存在缺陷。输煤甲细碎煤机 6123 断路器保护用 TA 变比为100/5，准确等级为 10P20，一次准确限值 2000A，而一次故障电流为 23kA，严重超出 TA 的测量范围，导致甲细碎煤机 6123 断路器未能及时切除故障。

（四）处理及防范措施

（1）加强运行基础管理，尤其是两票三制管理，对运行人员加强培训，重点学习运行规程。电气运行操作必须佩戴执法记录仪，并留好记录。

（2）加强设备维护管理。全面排查设备存在的隐患，重点是 6kV 断路器地刀装置及五防装置，6kV 开关柜增加电气五防闭锁报警功能。

（3）更换高压厂用变压器、启备变压器低压侧 TA，选型时应考虑互感器暂态特性，避免故障时非周期分量大导致 TA 暂态饱和，差动保护越级动作。

（4）更换甲细碎煤机 6123 断路器间隔 TA，选择抗饱和性能好的 TPY型 TA 或者大变比 TA，保证故障时 TA 不饱和。

案例 5-6：某电厂过电压保护器击穿短路停机事件

2019 年 6 月 10 日，某电厂"3 号主变压器保护 A 套动作、3 号高压厂用变压器后备跳闸 Ⅰ、Ⅱ 动作"，厂用电 10kV Ⅲ 段失电，3 号机停机，相关情况如下：

（一）事件经过

事故前 3 号机组并网运行带 193MW 负荷，且厂用电 10kV Ⅲ 段挂载 3号机组运行。具体线路图如图 5-12 所示。

2019 年 6 月 10 日 9:40，上位机发"3 号主变压器保护 A 套动作、3 号高压厂用变压器后备跳闸 Ⅰ、Ⅱ 动作"，3 号主变压器高压侧 213 开关、3 号发电机出口 023 断路器、3 号高压厂用变压器低压侧 013 断路器、3 号机灭磁

FMK 断路器相继跳闸，3 号机甩 193MW 负荷，无功 35.8Mvar（事故动作记录截图见图 5-13、机组负荷曲线截图见图 5-14）。厂用电 10kV Ⅲ段失电，厂用 400V 备自投动作正常。

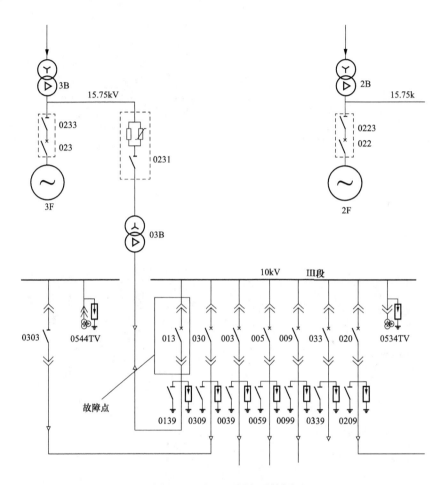

图 5-12　电厂厂用电系统图

停机后现场检查，发现 3 号高压厂用变压器低压侧 10kV Ⅲ段 013 进线开关柜内三相组合式过电压保护器烧损（过电压保护器烧损情况见图 5-15）。确定故障点后，立即对 3 号高压厂用变压器进行隔离，申请调度将 3 号机由热备用转冷备用，对 3 号发电机、3 号主变压器、3 号高压厂用变压器进行全面检查无异常。12:43，对 3 号发电机变压器组做零起升压试验正常，15:42，申请调度将 3 号发电机变压器组同期并入系统，检查正常，15:58 分交系统运行。

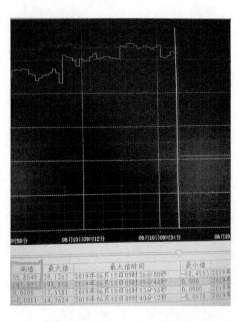

图 5-13　事故动作记录截图　　　　图 5-14　机组负荷曲线截图

图 5-15　过电压保护器烧损情况（开关柜内）

（二）原因分析

10kV Ⅲ段进线断路器 013 柜内过电压保护器击穿烧损情况（见图 5-16、图 5-17）。

3 号主变压器 A 套保护（主变压器保护 DGT801U-C）：高压厂用变压器过流速断动作，其跳闸逻辑为解列、灭磁、停机。故障类型为三相短路，故障三相电流分别为 A 相（3.1927A）、B 相（3.435A）、C 相（3.1174A）。

图 5-16　B 相烧损情况　　　　图 5-17　过压保护器取出后情况

（1）3 号机组停机原因：3 号主变压器保护装置中的高压厂用变压器过流速断保护动作。

（2）高压厂用变压器过流速断保护动作原因：3 号高压厂用变压器低压侧 10kV Ⅲ段 013 进线开关柜内三相组合式过电压保护器在运行中 B 相首先发生击穿短路爆燃，最终造成高压厂用变压器低压侧三相短路，高压侧二次短路电流 3.4A，高压厂用变压器过流速断保护动作。

（3）过电压保护器击穿短路原因：过电压保护器（型号：TBP-B-12.7F），为无间隙三相组合式过电压保护器。该过电压保护器自 2006 年 6 月投运一直运行至今，结合设备本身及安装现场实际，由于 10kV Ⅲ段上的 009 出线是给电厂鱼苗增殖站供电的外出架空线，经常出现经树木接地故障以及雷击短路故障，仅今年 4 月以来就发生了 3 次零序过电压和一次雷击短路故障。设计安装过电压保护器主要功能是降低产品的操作冲击保护残压（即保护断路器操作过电压），而对雷击过电压的冲击，其过电压保护器的设计通流能力有限。基于此，分析认为过电压保护器击穿短路的直接原因为设备设计缺陷造成，由于多次故障的积累效应，使其过电压保护器绝缘性能下降，导致过压保护器击穿短路爆燃事件。

（三）暴露问题

（1）过电压保护器产品设计上只考虑了操作过电压的情况，未充分考虑雷击过电压以及多次过电压故障积累造成性能下降的情况，产品设计上存在缺陷。

（2）设备隐患排查治理工作不到位，未严格按照反事故措施要求进行落实。

（3）过电压保护器日常预试开展了绝缘电阻测量（目前暂无过压保护器的相应国家和行业预试标准），不能有效发现存在的隐患，专业技术能力有待提升。

（四）处理及防范措施

（1）拆除发生故障的 3 号高压厂用变压器低压侧过电压保护器，并对 3 号高压厂用变压器及 10kV Ⅲ段电气设备进行全面预试检查，试验合格后恢复 10kV Ⅲ段供电。

（2）根据反事故措施"变电站内 10kV 及 35kV 设备中为限制雷电过电压、操作过电压，应采用金属氧化物避雷器，不宜使用过电压保护器"，下一步联系相关设计院，尽快研究明确技术保障措施。

（3）对现有运行的过电压保护器，尽快安排停电预试，联系厂家和科研单位进行指导，开展有效的预防性试验，及早发现设备存在的缺陷问题。

（4）认真汲取本次事件的教训，加强设备巡视、维护等基础管理。"举一反三"开展隐患排查工作，避免类似事件再发生。

参 考 文 献

[1] 高春如. 大型发电机组保护整定计算与运行技术［M］. 北京：中国电力出版社，2011.

[2] 弋东方主编. 电力工程电气设计手册（电气一次部分）［M］. 北京：中国电力出版社，2018.

[3] 尹项根，曾克娥. 电力系统继电保护原理与应用［M］. 武汉：华中科技大学出版社，2001.

[4] 贺家李. 电力系统继电保护原理［M］. 北京：中国电力出版社，2010.

[5] 丁书文. 断路器失灵保护若干问题分析［J］. 电力系统自动化，2006（03）：89-91.

[6] 高春如，韩学军，沈俭. 断路器断口闪络保护和断路器失灵保护整定计算［J］. 电力系统自动化，2012，36（22）：115-119.

[7] 周琼. 发电机定子接地保护动作和出口电压互感器故障分析［J］. 电气时代，2018（06）：52-54.

[8] 高春如，沈俭，吴政华，华历江，任文兴. 大型发电机定子绕组单相接地保护方式的商榷［J］. 电力系统自动化，2006（20）：88-92.